產品領導人之道

培育卓越產品經理的全方位指南

PART I
產品經理的工作——你所定義的「好」

PART II
管理團隊——找出你的溝通方式

PART III
招募優秀的產品經理——吸引最好的人才

PART IV
培育發展產品團隊——訓練出卓越人才

PART V
打造合適環境——建立優良的文化

推薦序
目的決定手段

從事產品開發經歷中,我經常被問到一些關於「成功」的問題

1. 什麼才算是成功的產品經理?

2. 什麼才算是成功的產品?

3. 什麼才算是成功的公司或組織?

我通常會回答「目的決定手段」,並不是每一個人、每一個產品、每一個公司或組織成功定義都是一樣的。雖然不容易回答,但與對方交談的過程中,可以讓我觀察到這個人的價值觀、對成功的觀點。有人回答「獲利」,有人回答「上市」,有人回答「產品市佔第一」,但我不覺得這是成功的目標!「獲利」、「上市」與「產品市佔第一」只是手段,不該是一個目標。難道「公司獲利」、「公司上市」或「產品市佔第一」後,我們就可以停止了嗎?

同樣的,產品的成長過程也是一樣,不同時期有不同的成功定義

- 活下去(滿足底層的生理與安全需求):首先,產品要能被市場接受。在這個階段的產品經理,需要努力交付與探索讓產品能活下去的可能手段。唯有做到滿足利益關係人的期待,才算是「資深產品經理」。

- **活得久（滿足進階的社交與尊重需求）**：其次，產品要能被用戶推薦認可。在這個階段的產品經理，追求的不是方法論，而是找到產品長期穩定成長的策略，知道目標是「長期成長策略」，而交付與探索只是手段之一。這個時期的產品經理，除了做之外，還具備「產品總監」的策略思維。

- **活得好（滿足頂部的自我實現需求）**：最終，產品要有能改變產業、世界的能力。這階段的產品經理，不僅擅長長期成長策略，還能在產業中具有影響力，也許是產品長或產品副總。

在《產品領導人之道》中給了一個產品成功的策略方向：

- **設定明確的產品願景**：願景是用來確保團隊工作目標一致的北極星指標。願景的建立包括四個步驟：建立、分享、實踐和改善。確保團隊每個人都理解並認同這一目標，然後，根據市場變化、用戶反饋、對手回應不斷進行調整。

- **假設驅動的產品開發**：透過觀察與數據佐證進行優先排序，強調透過小規模的實驗來驗證最高價值的假設，從而降低風險並提高成功率。這正是敏捷方法論「快速迭代，持續改進」的核心，根據實驗結果不斷調整和優化產品方案，最終實現產品目標。

- **平衡產品探索與交付**：平衡探索和交付意味著團隊需要在創新和穩定之間找到一個最佳點。探索新方向和技術可以帶來競爭優勢，但這必須與產品的穩定性和可靠性相結合。在明確產品目標後，選擇合適的方法來實現這些目標。

- **進行規劃與優先排序**：產品開發中的規劃和排序是確保團隊聚焦於最重要工作的關鍵。好的規劃和排序能幫助團隊避免不必要的浪費，確保資源的最佳利用。

希望這本書能夠成為你在產品開發道路上的指南，幫助你帶領你的產品團隊實現卓越，創造出真正有價值的產品。

KKTV 總經理 Vince Huang

推薦序

幾年前我由部門的產品主管轉任到集團的產品總監，管理範疇瞬間由10位暴增至約50位左右，光是直接管理的產品經理數量就提升2倍，再加上技術與設計團隊主管，因此即使團隊內都是圍繞「產品」範疇的夥伴，仍然讓我猶如迷失在未知領域般的措手不及。於是在後來的數年間，如何有效領導一個產品團隊，成為我持續探索與精進的課題。

作為產品領導者，不論是產品長、產品副總、資深產品經理，或者公司只有你一位產品經理，皆需要在產品與組織進程的不同階段，展現出不同對應的能力。此時的你不單單只是跳脫打造產品的範疇，更必須開始思考更高維度的商業策略。除此之外，規劃人才培育、接班人計畫，大範圍的利害關係人管理，抑或學習適時適性的運用領導力、權力與影響力來帶領夥伴，都將成為你的待辦清單。與此同時，你也需逐步形塑出自身的管理及領導風格。在精進「產品領導力」的路上，我也曾犯下不少錯誤、走過些冤枉路，包含過度專注於團隊目標而忽略夥伴發展，招募到相對不合適的團隊夥伴，沒能即時調整並面對負面的團隊氛圍，以及未在對的時間點給予夥伴「清晰且富有意義」的回饋等等，導致一些夥伴的離開。每段經歷都充斥實打實的血與淚，而我也在這些來回衝撞的過程中獲取養分，逐步成長為如今能承擔更多挑戰的自己。

在磨練「產品領導力」的路上，難免需要冒險打怪，也可能步履蹣跚。幸運的是，現在你手中的這本書，會帶領你更快地掌握「產品領導者」的角色以

及分析其知識和價值，大幅降低你自己在迷霧中摸索前行的無力感。書中詳盡地列舉實際場景與應對策略，就像是在我迷失的每一個節點給予明確的指引。我曾閱讀大量產品、管理學與領導力相關書籍，而這本書完美結合了以上三項知識。我相信書中的觀點與例證，能有效幫助身為產品領導者、又或者有志成為產品領導者的你，持續發展團隊中的產品夥伴，學習如何運用教練思維來逐步引導，打造出更加理想且有韌性的產品團隊。

我極力推薦《產品領導人之道》這本書，不僅推薦給身為產品經理與產品領導者，書中精彩的論述與精闢的見解，相信對於每位身處產品團隊的你都會大有幫助。期待我們能共同藉由書中的案例、理論成長，而理論的每項觀點，也正是我希望更多這個時代的領導者能夠具備的特質。

Hahow 好學校 – 產品總監
高玉璁（Samuel）

譯者序

作為產品部門主管，我在剛上任時面臨了許多出乎意料的挑戰。儘管擁有多年產品管理經驗，並在不同專案中累積了許多工具、方法論、技能等專業知識，但在擔任主管帶領一群產品經理與設計師時，我驚訝地發現、這些經驗與技能並不足以應對新的職責。管理「產品」與管理「產品人員」本質上有著極大差異，後者涉及了如何激勵、指導並培養團隊成員來進行產品開發，這對當時的我而言是個全新的挑戰。然而，市面上並沒有相關書籍或課程，能夠幫助像我這樣的新手產品主管學習如何勝任這個角色，這也讓我一度感到相當迷茫。

有一次，我正在收聽全球知名的產品 Podcast 節目《Lenny's Podcast》，主持人在節目尾聲時詢問受訪來賓，有哪些書籍適合推薦給產品部門主管閱讀，來賓毫不猶豫地提起 Petra Wille 的《產品領導人之道》，並稱其為給產品部門最高主管（Head of Product）的首選書籍。我隨即找了這本書來閱讀，並驚訝地發現這正是我初任產品主管時最需要的資源。書中內容完全切中自己在管理工作面臨的眾多阻礙。因此，我也萌生將這本書翻譯成中文的念頭，希望它可以成為在地產品領導人能夠按圖索驥的寶貴指引。

本書以產品主管需要關注的三大核心領域——人員、產品與流程為主軸。作者深入探討了如何有效培育產品團隊，並提供從招募、入職流程、目標設定到教練式輔導等各方面的實務建議。書中強調以假設驅動的開發與實驗為基礎，結合探索與交付並重的流程，也指出產品經理在設定產品願景的同時，

還要運用有效的傳道與說故事技巧來進行產品管理。此外，作者也探討了敏捷開發的核心要素，包括規劃、排序、增量及迭代，並進一步剖析組織運作中的常見挑戰、衝突處理及跨團隊溝通的重要性。書中不僅提供實用建議，還包含了大量可操作與應用的框架與方法，也使得這本書成為產品主管與產品經理的必備指南。

對我而言，產品部門主管不能僅僅依賴個人的力量來打造產品。正如作者所言，產品主管真正的責任在於打造一個能夠促進團隊成員學習與成長的環境，從而培養出一個強大的產品團隊，這個觀點與我對於稱職產品領導人的定義相當一致。因此，我誠摯地推薦《產品領導人之道》給所有產品部門管理者，它將會幫助你理解為何發展與培育人員是產品主管最重要的任務，以及在實務上如何達成這個目標。同時，我也期待處於個人貢獻者（individual contributor）階段的產品經理，能夠藉由閱讀此書更深入理解一名優秀產品經理的構成要素，並學習在職涯中持續成長的方法，逐步邁向成為傑出產品人的康莊大道！

台灣敏捷協會 理事 / 敏捷產品教練
李文忠（Jenson）

推薦序

BY MARTY CAGAN

被稱為是「矽谷教練」（Coach of Silicon Valley）的傳奇名人 Bill Campbell，是對我職涯發展影響最大的人之一。我從未接受過他的指導，但有幸見過他本人、並與他親自指導過的人一起工作，因此，我也在職涯成長過程中學習到他的領導原則。

其中有三點，是我以領導者角色培育他人時印象特別深刻的：

首先，領導力的展現在於能夠辨識出每個人的優勢，而你的工作是創造出優勢可以湧現的環境。

其次，教練指導不再是特殊技能。若你不能當個好教練，你就無法成為一個好的主管。

最後，先關注團隊，然後再處理問題。當面臨狀況時，第一步是確保合適的團隊到位，才開始解決問題。

我發現，若你將上述三點牢記在心，並真誠地為了達成這些理想而努力，你的團隊就會創造出令人驚嘆的成果。

但我希望你不要認為這些事情很簡單，很多人誤信這種領導方式只是單純地雇用聰明的人，然後就放手不管。不幸的是，事實並非如此。

我得不斷地跟領導者說明，優秀的產品團隊需要更優秀的領導能力，而非不作為的領導方式。

- 賦予產品團隊做出決定的能力，遠比直接提供他們需要建造什麼功能的產品路線圖更費力。

- 提供每週甚至每日的教練指導，遠比撰寫年度績效評估更費力。

- 幫助產品經理寫出優秀的敘事文件，遠比檢閱幾張 PowerPoint 簡報更費力。

- 每週都能提出批判但具有建設性的回饋，遠比口頭給予鼓勵更費力。

- 當你的產品經理擁有晉升機會時，親自向管理層提供事例，遠比只是發封 email 給 HR 更費力。

若你願意付出上述努力，這本書將會幫助到你做到這些。

我認識 Petra 超過十年了，第一次見到她時，她還是一位產品新手，擁有扎實的技術背景、強大的思維能力與職業道德、以及對於學習產品管理技藝的渴望。

我看著她持續成長，從產品經理、資深產品經理、一直到在多家科技公司擔任產品領導人的角色。最終，我相信她在科技領域的極致成就將是幫助他人成長，而她的確做到了。

因此，藉由這本書的幫助，我希望你能夠成為一位優秀的產品領導人，持續培育出優秀的產品經理。

Marty Cagan

2020 年 8 月

推薦序

BY MARTIN ERIKSSON

「領導力」這個名詞很特別,它喚起了人們心中的英雄形象,像是在前線領導衝鋒陷陣的英勇軍事將領,或是設定雄心勃勃的目標、並藉由自身才智驅動公司達成的商業領袖。這個名詞本身就意味著行動、執行、身先士卒、作為表率。

然而,最好的領袖並不是在前方領導,他們花更多時間在煩惱著團隊成員們是否為了行動做好準備,以及是否擁有為了讓行動成功所需的全部資訊、技能與工具。

回顧我在產品領域 25 年職涯中遇過的領袖們,包括能夠持續成功發展、為了寫書所訪談的眾多仰慕對象、以及在 Mind The Product 社群每天互動的人們,他們都完全認同這件事。

若關於領導力的一切都和我們所領導的對象有關,那麼最重要的就是建立賦能與自治的團隊(越來越多證據展現出團隊以此方式組織的價值),陳舊的領導模式已經不管用了,我們不能一邊告訴團隊該怎麼做、一邊還期待他們的能力獲得提升。因此,我們需要一個新模式,著重於提供團隊自行取得成功所需的工具,這意味著培育成員將成為領導者最重要的工作。

好消息是，有許多方法可以學習如何採用這種新的領導模式。從 Marty Cagan 的《矽谷最夯‧產品專案領導力全書》、David Marquet 的《*Turn That Ship Around*》、到我自己共同著作的《產品領導力》，有越來越多書籍提及賦予團隊能力的價值。然而，這裡面還沒有人真正提供關於最困難的工作細節，也就是如何培育團隊成員的技能，以及為賦能團隊做好準備。從許多方面看來，還好我們沒有這樣做，畢竟有誰能比 Petra 更適合以教練技藝來教導我們呢？

Petra 致力於協助他人追求卓越，她的洞見與經驗貫穿整本書。你會在書裡找到培育人才及幫助他們成功所需的所有知識，那也是我希望更多的領導者能夠擁有的東西。

Martin Eriksson

倫敦，2020 年 9 月

前言

優秀

「你如何得知自己正在培養產品管理的特質？」

——52 個問題卡牌組 [1]

談論產品管理的書籍很多，更多相關的新書也還在持續出版。原因很簡單，無論是產品領導人、產品經理、產品團隊和利害關係人，都渴望學習更多知識，以了解如何打造出帶給使用者真正有價值的產品，進而產生豐碩的成果——只需短短幾個月，就可以讓一間沒沒無聞的新創公司搖身一變成為獨角獸企業。

眾所皆知，紙上談兵總是比較容易。

提出好點子不足以打造出優秀的科技產品，還需要有能力、熱情、經驗豐富的產品人，以及同樣具備上述特質的跨職能開發團隊，才能夠交付成功的產品。

---

1   Petra Wille (n.d.). 52 Questions. 來源：https://www.petra-wille.com/52questions

要成為這樣的產品經理需要花費時間、精力與全心投入，若缺乏一個能夠對團隊裡每個產品人提供指引與回饋、深刻關心他們個人與職涯發展的角色，這段漫長旅程就會更加困難。

這就是我撰寫《產品領導人之道》這本書的初衷。我的目標是為像你這樣的產品經理管理者提供一份詳盡的指南，可以用來幫助你的產品經理們克服打造卓越產品時遭遇的障礙。這個角色通常被稱為產品部門最高主管（Head of Product，以下簡稱為 HoP 或複數的 HoPs）、產品團隊領導者（product team lead）、產品經理領導者（product manager lead）、產品經理主管（manager of product managers）或者是產品總監（director of product）。

我過去曾擔任產品經理和 HoP，現在的工作則是產品探索與人才發展教練，並與世界各地的組織內部產品團隊合作。在這段歷程中，我親眼目睹了許多打造產品時遭遇的障礙、以及組織如何應對這些障礙，有些成功值得慶祝，也有些沒那麼成功，因此需要找我進去幫忙。在這本書中，我想要分享我學到的事情，包括 HoPs 能夠成為產品團隊的教練，以及 HoPs 可以做些什麼來幫助產品經理們充分發揮潛力。

在深入探討本書之前，我想先說明一些事情。

本書的組織方式

你會注意到，我用了第 4 章〈你所定義的「好」產品經理〉整個章節來定義成為一位「好產品經理」所需的條件。身為產品領導人，你必須了解一件重要的事情：「好產品經理」會因組織而異，這和產品經理當下所處的脈絡、公司、職責與時間點都有關係，因此，將此書內容轉化為適合你所處的獨特環境是首要關鍵。此外，因為時代持續變化，定期檢視並修正具備脈絡性質的「對於好的定義」也非常重要，最優秀的 HoPs 能夠看見變化正在發生，並及早調整對於好的定義，以確保產品團隊面對未來可能的挑戰時做好準備。

你還會發現，我按照特定順序組織了本書內容：

第一單元：產品經理的工作——你所定義的「好」

第二單元：管理團隊——找到你的溝通方式

第三單元：招募優秀的產品經理——吸引最好的人才

第四單元：培育發展產品團隊——訓練出卓越人才

第五單元：打造合適環境——建立優良的文化

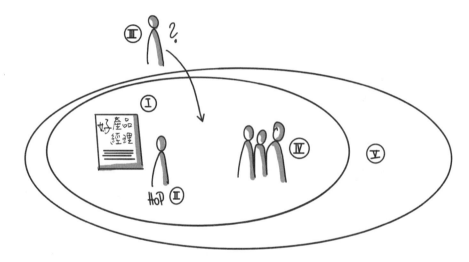

圖 0-1：用一張圖展示本書的所有單元。
我喜歡畫圖，因為圖像可以創造不同的理解層次。

以下說明如何使用每個單元：

第一單元包括和 HoPs 工作直接相關的主題，幫助你有效地與產品經理合作的基礎工作。

第二單元的重點放在成為優秀主管所需要素，適用於想要提升培育人才技能的產品領導人。

第三單元涉及招募與聘用優秀的產品經理，以及提供培育產品團隊的指引。

第四單元深入探討每個產品經理都需要擁有的特定技能，並觸及最常見的產品管理教練主題。請注意，此部分有兩個目標：說明核心概念與提供基礎知識，即使你原本就了解這些，在開始指導你的產品經理之前，快速回顧這個簡潔的摘要將可幫助你省下許多時間。

最後，第五單元聚焦於更廣泛的組織議題，我知道許多 HoPs 為了讓他們的產品經理們可以成長茁壯，需花費許多心力在組織相關議題上，像是如何有效地對於圍繞著產品團隊的組織發揮影響力。

個人工作指南

對於大部分讀者而言，這不是一本需要「從頭讀到尾」的書。

若你是個過去曾擔任產品經理的 HoP，我建議你將本書作為個人工作指南。如果想深入了解特定主題，像是如何準備新任產品經理的入職培訓？只要查詢目錄、直接翻到對應的章節即可。

若你是個擁有豐富產品經理經驗與知識的 HoP，瀏覽本書裡的關鍵概念，或許會激發出不同於現行作為的新想法（這些想法可能更好）。

若你從未擔任過產品經理，在這個領域也沒什麼經驗，就很適合把整本書從頭到尾讀完，並作為工具書參考使用。

還有一點很重要的是，《產品領導人之道》並未包括如何成為頂尖 HoP 的所有事項，例如：怎麼應對你的執行長、完美地做好利害關係人管理、如何準備對董事會的簡報等主題。這本書聚焦在 HoP 的人事相關工作——像是幫助你帶領的產品經理們成長與獲得職涯成就。

請留意，按照我的習慣，整本書會隨機出現他 / 她、他的 / 她的、他們 / 她們做為代名詞，但是優秀的產品經理是不分性別的，《產品領導人之道》也會反映出這個事實。此外，我不會在書中使用任何工作中真實的教練案例，因為它們都需要被保密，即使書中出現的範例皆符合 HoP 會遇到的各種經驗與狀況，它們都只是假設的情境。

在寫這本書時，我的假設是你具有影響組織的能力，但我可以理解，如果你是在一個龐大且建置完整的公司裡，可能已經有既定的工作執行政策與流程，例如，明確的產品經理升遷規則或是能力發展框架。如果這是你目前所處的情況，你可能無法對這些事情產生什麼影響力，不用擔心，我相信你仍然可以在其他方面做出對組織的影響，《產品領導人之道》將會幫助你做到這一點。

我衷心希望這本書可以幫助你創造一個強大的產品組織，擁有優秀的產品經理，為客戶打造出帶來真正價值的偉大科技產品。就算你所領導與影響的只是組織的其中一部分，只要有這本書在手，我相信你一定可以做到。

最後我想說的是，我繪製了書中的插圖，目的是讓我想傳達的概念能夠更好地被闡述，同時，你在和你的產品經理們對話時，也可以在白板上畫出這些簡單的圖像來幫助說明，請放心地在工作上使用它們吧。

和大部分我認識的產品人一樣，我也熱愛收到使用者的回饋，若你有任何想法，可以隨時發信到：strong@petra-wille.com，雖然我可能無法一一回覆，但我保證一定會讀完每一封信！

PART I

產品經理的工作——
你所定義的「好」

作為產品部門最高主管，你被選出來領導組織中非常重要的
一群人：產品經理。在第一單元裡，我們將探討產品部門最
高主管的關鍵任務與責任，以及帶領產品團隊需要做哪些努
力。此外，我們將介紹一個快速的高層次評估表，你可以使
用此評估表來衡量團隊中個別產品經理的能力。我們也會對
產品經理這個角色做出定義和詳細描述，以及如何成為一名
「好產品經理」。

CHAPTER 1

你扮演的角色

- 產品部門最高主管的職責

- 領導產品團隊

- 創造合適的環境

恭喜！你被選出來領導一群產品經理，你的職稱通常是：產品團隊領導者（Team Lead Product）、產品經理主管（Manager of Product Managers）、產品副總裁（VP Product）、產品總監（Director of Product），甚至是產品長（CPO）或產品部門最高主管（Head of Product，這是我個人經驗裡最常出現的名稱，在整本書中我會以「HoP」做為代稱）。無論職稱是什麼，你擔任的這個角色都相當重要，因為一間公司能否成功，產品經理的工作具有很大的影響力。Marc Andreesen 在十年前就說出「軟體正在吞噬世界」這句名言，現在看起來更是完全正確。[2]

身為 HoP，在建構一流的產品組織時，你需要扮演某些關鍵角色，也承擔了部分重要責任。因此，本書首章將討論這個非常棘手的問題：一位優秀 HoP 最關鍵的職責是什麼？

2　https://a16z.com/2011/08/20/why-software-is-eating-the-world/

透過問卷[3]、X（前 Twitter）上面的調查、和客戶對話以及在各大領導力論壇中，我問過很多人這個問題，也收到許多不同的回答，一如所料，大部分都有相同概念。例如，我的 X 跟隨者 Sally McBeth 提出：HoPs 應該分享願景與策略；透過建立文化、倡議與協同設計，為產品經理打造一個能夠發揮所長的空間；藉由引進工具和方法來幫助提升整體水準。此外，產品意見領袖 Martin Eriksson 認為，HoPs 應該關注產品方向、清晰度和自主程度。

藉由與世界各地的許多產品人交流，我發展出一套共識。對於一個稱職 HoP 的最基本要求是：

- 幫助每個人了解公司的業務和目標，將其轉化為產品策略，藉此設定產品團隊的方向與目標。

- 建立產品管理團隊，包括尋找與雇用優秀的產品經理、發展與培育產品經理的能力與生產力、追蹤產品經理與他們負責產品的績效。

- 創造合適的環境，包括打造出一個讓產品經理發揮所長的空間，以及確保他們能做出決策（但不是讓產品經理做出「全部」決策）。

---

3 「下一個更大的挑戰」評估表下載：https://www.strongproductpeople.com/downloads

領導產品團隊

Joff Redfern 是 Atlassian 的產品副總裁，他對 HoP 的角色與責任有一個生動的比喻：「建造出更好的船塢。」[4] 負責船塢運作的人不會自己造船，他們雇用最好的造船工人，營造適合造船的環境，提供出色工作成果所需的支持與工具。因此，Joff 認為 HoP 的職責就像是打造更好的船塢，你的船塢有多好、團隊建造出的船（也就是產品）就有多好。你就是那個建造船塢的人，身為 HoP，你的角色就是要確保船塢盡可能地處於最佳狀態。

我很喜歡這個比喻，因為作為產品領導人，你的工作並非在組織中直接打造產品，而是領導一群開發產品的人。然而，因為你負責的是船塢本身，通常需要在一段時間後，才能看出你的工作對於組織與你所領導的人們產生哪些影響。身為領導者，你的職責是透過他人產生成果，這需要一定的影響力與相當程度的耐心。奇異公司前執行長 Jack Welch 是這樣說的：「成為領導者前，成功只和自我成長有關。成為領導者後，成功完全取決於他人的成長。」[5]

接下來，我們將要更深入了解 HoP 的角色。首先使用知名的*組織成功 3Ps* 模型，稱職的 HoP 需要擁有影響這三方面的能力，進而實現他們期望的成果：

- 人員 (People)

- 產品 (Product)

- 流程 (Process)[6]

4　A Better Shipyard—Joff Redfern on the Product Experience (April 10, 2019). 來源：https://www.mindtheproduct.com/a-better-shipyard-joff-redfern-on-the-product-experience

5　https://www.inc.com/gene-hammett/3-lessons-from-jack-welch-on-leadership-that-you-dont-learn-in-business-school.html

6　Peter McLean (2013). The 3Ps of Organisational Success. 來源：https://leadershiplamplight.wordpress.com/2013/04/04/the-3ps-of-organisational-success/

身為 HoP 的你通常能夠對這三方面造成影響。有時候是直接的——例如雇用合適的人員；或是透過設定正確方向和目標的間接方式來產生影響。

注意：如果你在新創公司中帶領產品團隊，並且仍在尋找產品市場適配 (Product-market fit)，可在第二個 P：產品 (Product) 加上「目的」(Purpose)。即使你還沒搞清楚想做的產品是什麼，但你可能會擁有一個驅使團隊前進的明確目的。

你投入足夠時間在全部三個 P 嗎？或是只偏重其中一或兩個？找個機會思考一下你分配多少時數在人員、產品和流程上，以及在哪個部分投入最多？請回顧過去四週行程，你在這三個 P 分別花了多少時間？用在招募、入職培訓和持續培育產品人員上的時間是多久？用在設定與精煉目標、選定方向，並確保每個人都能理解的時間是多少？用在藉由建立正確流程來讓一切運行順暢的時間又是多久？

我自創了一組模型（見圖 1-1），將三個 P 依照 HoP 實際工作類別做區分，一目瞭然地展示出優秀的產品部門最高主管需要做到的全部事項：

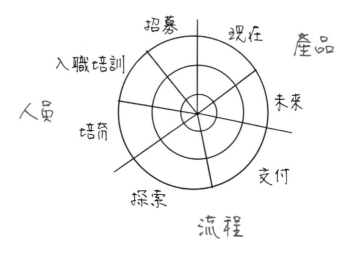

圖 1-1：HoP 工作事項圓餅圖（項目在圓餅
所佔大小代表平均分配時間比例）

人員的部分包括：

- 招募：閱讀求職申請表、面試、雇主品牌活動等。

- 入職培訓（Onboard）：到職前規劃；行政事項──硬體設備、帳號等等；到職日歡迎活動；同事與利害關係人介紹；最初 2 至 4 週的一對一會談等。

- 培育：對於團隊的整體考量；增強團隊能力與激勵團隊；對於個人表現的考量；教練式指導／一對一會談；保持可被找到的狀態；自身成長等。

產品的部分包括：

- 現在：在產品團隊和組織其他部門像傳道士般的進行宣揚；讓每個人理解自己正在做的事情之目的；保持清晰、透明且目標一致等。

- 未來：打造產品整體之願景、策略、原則和目標，藉此交付使用者價值並維持公司存續；讓每個人都參與其中；保持最低的辦公室政治等。

流程的部分包括：

- 探索：幫助每個人理解產品探索的價值；確保團隊可以持續接觸到真實使用者；檢視假設和實驗驅動的產品管理；決策必須基於數據／直覺和使用者回饋；確保流程一致；利害關係人管理；讓產品經理能夠好好地講述他們的故事等等。

- 交付：確保有計劃但保持靈活；持續以最小的努力交付最大的價值；檢視每個產品經理的狀態；避免注意力被「容易實現的」乍現想法分散；消除障礙，像是太多前端開發人員；在情況惡化時進行緩和；確保產品發布後的持續迭代；確保成功會被慶祝等。

現在請將前面的圓餅圖著色，最內圈的圓環代表這個事項佔用的時間很少，中間那圈代表佔用的時間中等，最外圈則代表佔用相當多的時間。你的發現是什麼？很有可能你的時間並非平均分配在所有 HoP 的工作事項上，甚至有些事項完全被忽略了。

我很喜歡和產品部門最高主管們一起檢視這三個 P，這個過程雖然單純與直截了當，但卻能很準確地讓你知道，是否有分配足夠時間在 HoP 的個別職責上。

接著來檢視一個常見範例並試著解讀它，下方圖示是我發現很多產品部門最高主管會有的典型情況。

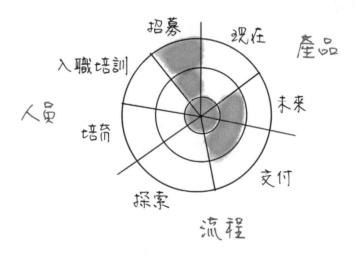

圖 1-2：自我評估後的 HoP 實際工作事項圓餅圖範例

你會發現，在七個主要工作事項上，這位 HoP 在每一項都投入了一小部分時間。然而，在這個範例中，招募佔用了最多時間——通常是因為他參加的面試太多了。

許多討論都聚焦在事情應該怎麼被完成（OKRs、敏捷方法、實驗、使用者研究⋯等）——也就是「交付」類型的工作，而 HoP 們也投資了一些時間（只是比他們希望的來得少）在設定方向與思考整體的產品組合——這是所謂「未來」類型的工作，這導致他們只剩下一點點的時間（大概每週一、兩個小時）能夠用在產品團隊的個人發展上。一對一會談時間大部分都用來更新近況，而且經常因為發生其他更重要的事情被取消。這種狀況我看多了，但為什麼擱置培育人員的工作是個問題呢？讓我來說明一下。

為什麼投資在人員培育上會獲得回報

假設肥皂是下一個市場焦點，你想和一個三人團隊創立一個肥皂帝國，並且獲得市場先行優勢。你是這個肥皂公司的創始人和產品負責人（由圖 1-3 中的塗灰人形代表）。

你發明了這些獨特的手工肥皂，並且非常擅長製作它們。你製作肥皂的技能非常出色，一天可以獨立生產 15 個肥皂。你聘請的另外兩個人在製作肥皂方面的能力不如你，他們每天只能生產 5 個。加總起來，你和你的團隊每天可以生產 25 個肥皂。

然而，你相信透過與這兩位團隊成員緊密合作，可以顯著地提高產量，因此安排了一個入職培訓日。你在入職培訓時非常忙碌，所以無法維持一般的 25 個肥皂產量——結果是，你只生產了 12 個肥皂。

因為你花時間好好地培訓這兩名團隊成員,他們學會如何提升肥皂生產速度,現在他們都能每天生產 10 個肥皂——每人每天多生產 5 個。由於你花較多時間在支持團隊成員,因此你也只能每天生產 10 個肥皂。目前整個團隊每天總共生產 30 個肥皂。

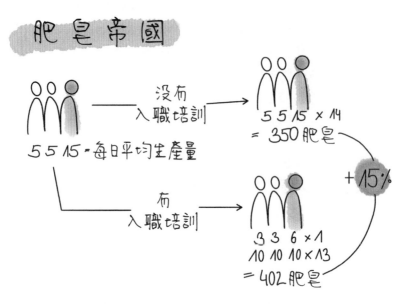

圖 1-3:肥皂帝國——入職培訓前和入職培訓後

在你花時間做好充分的團隊成員入職培訓之前,你們可以在兩週生產 350 個肥皂。在花一天時間做好完整的入職培訓後,你能夠在這兩週生產 402 個肥皂,生產量增加了 15%。之後每兩週肥皂產量將上升到 420 個——這都是因為你花時間做好團隊成員的入職培訓,並從那一刻起持續支援他們。

這個例子的重點是,雖然花時間做好人員入職培訓,短時間內會降低團隊整體產出,但從長遠來看,你的團隊將會更有生產力。投資於你的人員絕對會得到回報。

你的職責是確保產品人員在他們的角色中獲得成功。透過投入更多時間和力氣於此任務，你將提高團隊的生產力，同時為你的組織帶來更好的成果。

這就是為什麼這本書致力於探討和改進產品管理中關於人員的部分。

讓我們暫停片刻，反思一下對於以下兩個問題的回答：

- 我做了哪些事情來讓產品人員在他們的角色中更加成功？例如：在他們需要改善時提供培訓或支持。．．．．．．．．．．．．．．．．．．．．
．．．．．．．．．．．．．．．．．．．．．．．．．．．．．．．．．．．．．．．
．．．．．．．．．．．．．．．．．．．．．．．．．．．．．．．．．．．．．．．

- 在人員培育方面，有哪些事情我想要做更多？．．．．．．．．．．．．
．．．．．．．．．．．．．．．．．．．．．．．．．．．．．．．．．．．．．．．
．．．．．．．．．．．．．．．．．．．．．．．．．．．．．．．．．．．．．．．
．．．．．．．．．．．．．．．．．．．．．．．．．．．．．．．．．．．．．．．

> **小提示：**你可以在行事曆中加入一個固定週期會議，每季提醒你使用這個小小的框架，花 30 分鐘來反思這些問題。

設定下一個更大的挑戰

作為產品部門最高主管，如何實際幫助你的產品經理充分發揮潛力呢？每位產品經理都處於兩個階段：當下 —— 即他們目前的狀態，以及潛力 —— 未來他們可以變成什麼樣子。我建議產品部門最高主管在思考如何幫助產品經理持續提升時，要同時考慮這兩種狀態。以下是幫助他們從現狀達到充分發揮潛力的方法：

- 透過分析公司／產品／團隊目前的需求，設定你的期望值。例如，你可能希望產品經理更加關注產品探索階段，或是你會要求他們在持續交付顧客價值的同時也能夠對於清除技術債的工作有所進展。讓每個人知道你設定的期望目標，然後在他們達到目標或是表現不佳時充分告知。幫助他們透過同儕回饋（peer feedback）來校準他們的內部和外部觀點。關於這個部分該如何進行，請參閱第 8 章〈追蹤績效和提供回饋〉。

- 為每位產品經理設定更遠大的願景，最理想的狀態是這個願景也能和他們的個人目標契合。幫助他們看見你所看見他們擁有的內在潛力，透過分配適當的工作任務與主導權，以教練方式讓他們為自己的成長負責，並且務必持續追蹤這些產品經理們的進展。

擁有更遠大的願景對於每個產品經理都很重要。人們總是問我：「這個願景會超越他們目前的角色嗎？」答案絕對是肯定的。然後人們會繼續問：「這個願景甚至會超越他們目前在公司裡的職位嗎？」對於這個問題，我的答案也是肯定的。因為無論他們未來是否會繼續待在我們公司，你都希望透過為他們設定更遠大的願景，來保持他們的動力並幫助他們成長。

當然，除了讓你的產品經理擁有更遠大的願景之外，你還必須分配適當的主導權來協助他們成長。儘管你做了這一切，人們有時還是會在某個時間點離開目前的組織，才能獲得更大的成長。但在這個過程中，如果你能夠幫助他們，你將能從他們身上獲得更多回報。

為了和產品經理一起完成上述事項，身為 HoP，你必須在日常繁忙行程中保留時間來進行一些事……

- 觀察。你得要主動觀察產品經理們的表現——蒐集案例和個人軼事，這會讓提供個人回饋時更容易。

- 反思與調整你的期望值。你需要時常停下來反思，想一想你原本認為的公司需求是否仍然重要。你還要評估產品經理在他們原本擅長的領域表現如何？他們的個人動機是否發生了變化？

- 計劃。你需要投資一些時間規劃團隊裡每位產品人員的下一步。

- 交流和指導（一對一會談）。你需要利用時間與產品經理分享你的觀察和規劃。我們將在第 7 章〈教練的力量〉討論相關細節。

在這所有事項中，你要確保你的產品經理保持成長——他們的技能和專業知識能夠持續增進，這會需要你的關注。我發現提出以下這個引導性問題或許可以幫助你：

這位產品經理是否準備好迎接下一個更大的挑戰？

我設計了一個表格，讓你可以為每位產品經理填寫（請見下一頁的圖 1-4），只需憑直覺回答問題即可。以下是一些下一個更大挑戰的例子（我相信你心中可能已經有些更適用於你自己公司的想法）：

- 重新定位整個產品線及更加關注於管理上

- 與全新的產品開發團隊合作

- 負責新到職產品經理同事的入職培訓（同時繼續他們原本負責的
  產品工作）

如你所見，若你對其中一位產品經理的答案為「是」，那麼你就要指派他
參與下一個更大的挑戰，讓他可以在工作中培養並獲得新技能。如果答案
為「是的，但是……」，那麼你仍應指派他參與下一個更大的挑戰，但幫他
找個指導者（mentor）。如果答案為「否」，那麼反問你自己：「為什麼是
『否』呢？」確保你投入更多時間觀察這位產品經理，反思他已經具備哪些
能力、以及他有哪些不足之處。與這位產品經理討論這些不足之處，以及他
如何看待自己的不足，然後找出你該如何幫助他獲得更多技能和自信。如果
答案是「也許吧」，則要蒐集更多資訊，繼續觀察，直到你有明確的「是」
或「否」的答案。

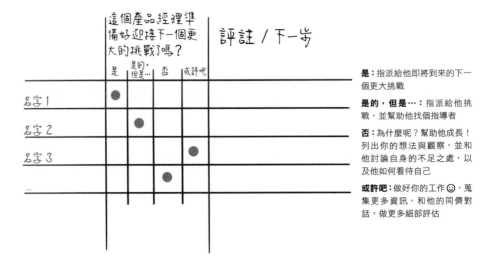

圖 1-4：產品經理下一個更大挑戰評估表

那麼，下一步是什麼？

進行這項練習可以讓你好好地了解產品團隊的當前狀態。然而，如果你發現列出你的產品經理應該具備的技能很困難，並且難以辨識出他們的不足之處，那麼請繼續閱讀本書的第一單元。運用這部分的內容，你將能夠建立一份出色的工作描述，並且能夠進一步了解如何以更有結構的方式表達你的期望。

如果你對完美的產品經理有一個清晰明確的定義，並且能夠輕鬆辨識出人員的不足之處，但卻難以與他們討論這些不足，那麼在本書的第二單元〈管理團隊——找到你的溝通方式〉，你會發現許多實用的秘訣。

如果你已經識別出團隊的不足，這些不足是具體且與產品相關的事物（例如時間管理），你只需要更多的背景資訊和技巧來讓對話順利進行，那麼第四單元〈培育發展產品團隊——訓練出卓越人才〉將會是你的好幫手。

延伸閱讀

這是本書的第一個延伸閱讀，你會在大多數章節的最後找到它們，目的是為你提供更多產品智慧的來源——包括書籍、影片和錄音——你可以從中進行探索，獲取與該章節主題相關的新想法和觀點。

- 「下一個更大的挑戰」評估表可在此處下載：
  https://www.strongproductpeople.com/
  further-readings#chapter-1_1

- Petra Blum：來自產品領域最優秀領袖的 10 條頂尖建議
  https://www.strongproductpeople.com/
  further-readings#chapter-1_2

- 產品經理想從他們老闆那裡得到什麼？
  https://www.strongproductpeople.com/
  further-readings#chapter-1_3

CHAPTER 2
快速團隊評估

- GWC 評估表
- 使用你的洞察力閱讀本書

在 對每位產品經理進行評估、了解他們是否具備成功的產品經理所需能力之前,對整個團隊先進行一次快速的綜合評估,可能是件非常有幫助的事情。特別是對於從未以結構性方式評估自身團隊的產品部門最高主管而言,這一點尤其重要。不幸的是,許多 HoPs 從未思考過,他們的團隊是否具備完成重要工作的能力。

我可以確定,即使你從未正式評估過你的團隊,對於團隊中個別產品經理,你也會有強烈的直覺,就讓我們利用這種直覺來對團隊進行第一次評估吧。

GWC 評估表

我在本章中建議的快速團隊評估方式很簡單,它可以幫助你清楚地了解你對團隊成員的看法。你需要空出一段不受干擾的時間來進行反思——大約 15 到 30 分鐘,具體時間長度取決於你的團隊人數。進行評估不用太複雜的工

具，只需要一支筆和一張紙就夠了。請注意，這個評估可以用在團隊中的任何角色，而不僅僅是產品經理。

我進行團隊評估的方法稱為 GWC，它在 Gino Wickman 所著的《Traction》一書有描述。根據 Wickman 的說法，GWC 代表著「理解（Get It）」、「渴望（Want It）」和「有能力做到（Capacity to Do It）」[7]。GWC 的這三個部分，可以轉化為身為產品經理的主管／領導者的你詢問自己的問題。讓我們逐條進行檢視：

- 你的產品經理是否理解（如他們所說和所知的）他們的角色是什麼？他們是否明白這個角色被期待的產出（output）與成果（outcome）是什麼？

- 如果他們能理解，他們是否對這些事情充滿渴望？他們的工作是否和他們在職涯和人生中的目標一致？

- 如果他們理解需要做什麼、並且也渴望去做，他們是否擁有做好這份工作的能力？他們的身心和情感方面是否具備所需的條件來履行職責？他們是否擁有充分的時間、知識和資源？

你準備好要進行 GWC 快速團隊評估了嗎？我希望答案是「準備好了」，因為我們現在要開始囉。請拿起筆和一張紙，繪製類似下頁圖 2-1 的圖表，確保有足夠空間來記錄每位產品經理的資訊。

7　Gino Wickman, *Traction: Get a Grip on Your Business*, BenBella Books (2012) p. 99

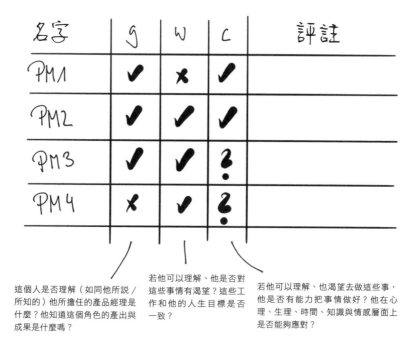

圖 2-1：GWC 評估表

填上每位產品經理的名字，然後根據 GWC 的三個部分對他們進行評估：理解（Get It）、渴望（Want It）和有能力做到（Capacity to Do It）。你只需在每位產品經理名字旁邊的方框打勾、打叉或打問號。以下是不同符號的含義：

✔ 代表絕對可以

✗ 代表絕對不行

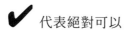 你還不確定，需要蒐集更多資料

你可以在評估表最右邊方框寫上任何你想要的評註。接下來，看看我們要怎麼使用這個練習的結果。

根據我的經驗，無法理解或缺乏渴望通常是致命問題，當這種情況出現時，你大概要為這樣的員工找其他事情做了（如果這是個最近剛加入的同事，而且你沒有花時間好好地說明這個角色的工作，那就另當別論）。若他們只是因為某些原因而無法勝任工作，通常還是可以處理的。如果這個人具有產品經理所需的思維能力，只是缺乏一些工作上的知識（know-how）——例如他們需要做更多的估算但 Excel 技能需要提升——這種狀況通常可以藉由培訓輕鬆解決。

然而，如果他們遭遇了精神／情感面的問題——也許他們承受了很大的個人財務壓力，又或者正在經歷離婚或其他家庭和關係上的混亂狀態——那麼你應該有意識地給予他們更多喘息空間，絕對不要分配下一個更大的挑戰給他們。

你可能會發現我在這個部分的主張是：如果你在這個表格中某個地方打上叉（X），首先應該反思，自己是否為問題的一部分？你是否已經盡了全力，確保你的產品經理能夠在他們的角色上獲得成功？

使用你的洞察力閱讀本書

你已經填完了快速團隊評估表，下一步是什麼呢？請查看你的評分，並反思每位產品經理在整個團隊中的位置，他們和其他產品經理相比表現如何？

✔ 好極了！你的產品經理表現出色。你在他們身上得到你需要的，而他們為你做的事情也和自身職涯與人生目標一致。你可以使用 PMwheel 作為指南，為他們提供更詳細的回饋、指導和建議。請閱讀第 7 章〈教練的力量〉了解更多資訊。

✗ 你的產品經理在某些方面有所不足並需要提升。如果你在能力方面給出了「X」的評分,通常可以透過培訓和指導來幫助他,或是等待一段時間,讓他從導致生活出現混亂的狀況中恢復過來。請把幫助他們恢復到正常狀態設定為你的任務,不要讓他們孤軍奮戰!但是,無法理解或沒有渴望通常是致命問題(除非是入職培訓不足所造成的),你應該為他找個其他位置或角色。請閱讀第 6 章〈找出並弭平產品經理的能力缺口〉,以最有效的方式幫助你的產品經理。

? 對這位產品經理做更多觀察,使用PMwheel進行反思,向他的同儕徵詢意見,並與這個人進行交談。請參閱第 8 章〈追蹤績效與提供回饋〉來做到這些。

評估團隊成員並不是一次性的工作,請定期進行評估,了解他們是在進步、維持現狀或已經落後了。這些評估帶來的回饋,將會對你在持續培育員工的規劃與預算編列上產生幫助。

CHAPTER 3

產品經理的職責

- 產品是什麼？

- 產品經理是什麼？

- 產品經理的主要工作項目

你可能還記得，在第 1 章中，我說明了產品部門最高主管的角色是什麼。既然你是 HoP，我相信你已經知道產品經理的工作是什麼。但最重要的問題是：你描述產品經理這個角色的方式，是否能讓你的產品經理們理解你是如何看待它的？相信我，「大致了解某件事物」和「能夠詳細地向他人描述它」是有差異的，這就是稍微理解和清晰的角色描述間的區別。

因為有許多由非常優秀的產品人撰寫的產品管理好書和好文章，因此，當被問到如何定義產品經理的角色時，很容易說出「等等，讓我 Google 一下」或是「我的書架上有本《產品領導力》，我看看裡面怎麼寫。」這些回答都還算可以，但作為產品部門的主管，你應該要能隨時隨地準確地描述產品經理的角色和職責。

在繼續閱讀這一章之前，我希望你先準備一隻螢光筆在手邊，在閱讀時標示出你認同的內容。當你完成這章的閱讀和標示後，花幾分鐘的時間，用你自己的話寫下產品經理的定義，確保這個定義好記且容易對別人說明。對你的產品團隊來說，有一位清楚知道他們應該和不應該做什麼的領導者是非常重要的。這不僅僅是指產品經理的日常事務，還包括在團隊、公司和產業的背景脈絡下，他們的工作是哪些。

在深入探討產品經理的角色之前，讓我們先來定義產品是什麼。

產品是什麼？

我想你知道產品是什麼，對吧？令人驚訝的是，我見過許多公司（以及HoPs 和產品經理）在試圖定義應該很簡單的事情時卻遇到困難。我經常和負責 26 項不同（我會這麼稱呼）事物的產品經理交談，他們稱這些事物為「產品」，然後對於為何總是難以搞定工作排序而疑惑。

還有一些公司的產品經理們分別負責後端與前端，前端產品經理只負責交付介面，即使他們都很努力，卻很難為顧客提供太多價值。我真心希望作為產品部門最高主管的你能花點時間思考什麼是真正的產品，以及你手上的工作是否真的值得由產品經理管理。

那麼，產品是什麼呢？

產品是被**打造**出來提供給某人**使用**，並能為目標市場的顧客／使用者帶來**價值**的事物。

就是這麼簡單。

除了上述基本定義，產品也應該要滿足企業／組織的需求和限制，以保持他們正常運行，使得更多消費者／使用者能夠體驗其價值。也就是說，產品應該產生足夠價值，讓企業和組織可以長期存續。

產品可以是各種事物，包括實體商品（洗衣粉、你手中的書和特斯拉電動車）、完全數位化的產品（例如 Netflix 串流服務或線上課程）、或是整合實體和數位的科技驅動產品。現今被我們稱為科技產品的許多事物，實際上是一系列或整組的線上服務（例如 Facebook 和 Salesforce），或者使用網路作為行銷／販售／鋪貨的通路（Uber 或 Etsy 之類的電商平台）。

現在我們知道產品是什麼了，讓我們繼續探索產品經理是什麼。

產品經理是什麼？

最簡單的產品經理定義是：負責所有產品開發相關層面的人。但在我的經驗中，這個簡單的定義並未揭示產品經理的真實本質。

當我想要只用幾句話描述產品經理的主要責任時，我會使用 Marty Cagan 的定義：「產品經理的工作是找到一個對使用者有價值、使用者知道如何使用、我們的工程團隊可以構建出來、且具備商業可行性的產品解決方案。」一切都是關於在這四個維度之間找到平衡，如果過於執著其中一項，你的產品很可能會失敗。

如下圖所示，產品經理的這四項責任代表了他們必須應對和克服的風險：

1. 價值風險（顧客是否會購買、或使用者是否會選擇用它）

2. 易用性風險（使用者能否搞清楚如何使用它）

3. 建構風險（工程師能否基於現有時限、技能和科技構建出我們所需的事物）

4. 商業可行性風險（這個解決方案能否支持我們的各項業務）[8]

8　https://svpg.com/four-big-risks/

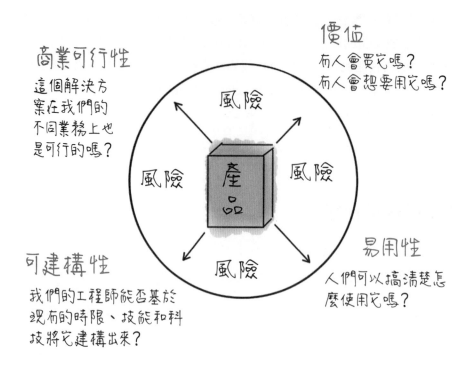

圖 3-1：我會用這張圖來解釋產品經理的工作

那麼，根據這個定義，哪些人不能被稱為是產品經理？

■ 唯一的工作是維護敏捷開發團隊的待辦清單（backlog），不作任何決策的人

■ 唯一的工作是從公司各處收集需求，並將它們放在某個產品路線圖上的人。他會參加會議，交由委員會進行設計，但不作任何決策

■ 撰寫出概念的人，而這些概念會在很久之後才由其他地方的團隊執行

產品經理的主要工作項目

為了找到產品開發的甜蜜點，產品經理必須能夠執行下列工作項目：

- 聆聽使用者／顧客／市場的聲音，了解他們的問題以及思考如何解決這些問題（這就是產生價值！）

- 在真正建構產品之前，進行多次實驗和原型測試，以檢驗他們的推測／假設和各種解決方案（將建造錯誤事物之風險降到最低的最佳方式）

- 交付價值並測試人們是否真的使用／購買他們的產品（尋求產品市場媒合度 product-market fit）

- 以最少的力氣建構出能帶來最大價值的真實解決方案，並且確保團隊可以在合理的時間內建構出最有效的解決方案

- 根據顧客回饋來交付產品並對其優化（甚至能夠提出創新）

在產品的世界中，你會發現這些產品經理工作項目被賦予各種華麗的名稱，包括設計思考（Design Thinking）、產品探索（product discovery）、使用者研究（user research）等等。但最終，一切都取決於產品經理做了些什麼。

我設計了一份名為 PMwheel 的評估表，它被用來測量八項產品經理的主要工作項目。我們會在下一章仔細探討這個評估表，不過現在可以先來看一下 PMwheel 中提到的活動：

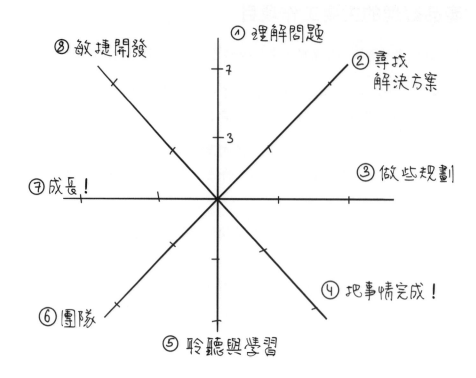

圖 3-2：PMwheel 的主要項目

以下是 PMwheel 的主要項目，我會在下一章提供每個項目的詳細描述：

1. 理解問題

2. 尋找解決方案

3. 做些規劃

4. 把事情完成！

5. 聆聽與學習

6. 團隊

7. 成長！

8. 敏捷開發

項目 6、7、8 不會直接和產品開發流程綁在一起，相對地，這些項目呈現出
產品經理與團隊合作所需的知識技能（例如激勵團隊、Tuckman 的團隊發展
階段[9]等）、個人成長和學習新事物所需的能力，以及在敏捷環境中工作所需
的知識技能。

無論你的產品經理是什麼背景，他們的工作都是以最佳方式來減少建造錯誤
事物的風險，並透過交付使用者真正想要的產品來提升其生活品質。同時，
產品經理還要釐清如何在既存的限制下，與現有的開發團隊共同交付這些價
值，並且能夠獲利以維持組織運行。

在下一章中，我們將會更深入探討產品人員在你的公司裡獲得成功所需的各
種任務和技能。我也會幫助你提出什麼是「好產品經理」的定義，請檢視你
的定義、優化它，並確保在有人詢問時能夠想起它。

延伸閱讀

- Martin Eriksson：雖古老但優質
  https://www.strongproductpeople.com/
  further-readings#chapter-3_1

- Marty Cagan：每個偉大的產品經理背後
  https://www.strongproductpeople.com/
  further-readings#chapter-3_2

- Ben Horowitz：好產品經理、壞產品經理
  https://www.strongproductpeople.com/
  further-readings#chapter-3_3

9　Wikipedia (n.d.). Tuckman's stages of group development. 來源：
　　https://en.wikipedia.org/wiki/Tuckman%27s_stages_of_group_development

- Jeff Patton：敏捷開發環境中的產品管理
  https://www.strongproductpeople.com/
  further-readings#chapter-3_4

- Henrik Kniberg：產品負責人的角色
  https://www.strongproductpeople.com/
  further-readings#chapter-3_5

- John Cutler：關於產品經理你應該知道的 15 件事
  https://www.strongproductpeople.com/
  further-readings#chapter-3_6

- John Cutler：不斷發展的產品經理角色
  https://www.strongproductpeople.com/
  further-readings#chapter-3_7

- 書籍：

  - *INSPIRED* by Marty Cagan，繁體中文版《矽谷最夯・產品專案管理全書：專案管理大師教你用可實踐的流程打造人人都喜歡的產品》，商業周刊

  - *Product Management in Practice* by Matt LeMay，無繁體中文版

CHAPTER 4
你所定義的「好」產品經理

- 為什麼定義你認為的「好」很重要

- 建立你的系統

- 協助你啟動的建議（產品經理的本質，PMwheel）

- 整合與啟用

我們在上一章探討了產品經理到底是什麼。在本章，我們將更深入研究「好產品經理」——也就是你希望團隊擁有的那種人——需要具備什麼特質。

你可能會認為，定義所謂「好」是件直接了當的事情。然而，就像產品世界裡的大多數事情一樣，對於是什麼讓某人成為一名好產品經理有很多不同觀點。有一個值得考慮的衡量標準是由 Marty Cagan 所提出：

> 產品成功是衡量產品經理的唯一標準。[10]

---

10 https://svpg.com/measuring-product-managers/

Marty 說的當然沒錯，然而，還有其他方向可以確定一名產品經理是否具備在工作中表現出色的條件嗎？是否有什麼好方法可以為產品經理提供他們改善所需的回饋和指導呢？有沒有 HoP 可以用來評估產品經理表現的最佳框架？我認為前兩個問題的回答顯然是肯定的，而最後一個問題的答案則是絕對的否定。沒有一種解決方案是萬能的，每位 HoP 都必須根據產業、公司、團隊和產品的面向，建立他自己對於好產品經理的定義。因此，這一章將幫助你建立你對於「好」的定義，並且探索作為你的起點及靈感來源所需的框架。但最終，「好產品經理」的定義還是取決於你自己。

不幸的是，我知道太多的公司基於某些原因，沒有用文字定義什麼是好產品經理，更不用說寫下產品經理的主要任務和職責應該是什麼了。在少了這個定義的情況下，作為 HoP 的你怎麼知道你的產品經理的程度如何？或者有沒有成為好產品經理的潛力？更重要的是，你的產品經理自己要怎麼知道呢？

還有疑惑嗎？若你還沒定義你認定的「好」是什麼，你要如何……

- 確保你的產品經理知道他們被期待要做些什麼？[11]

- 做出正確的招募決策？

- 在產品經理的入職培訓中，談論你和公司的期望？

- 定義某人是否達到標準或表現不佳？

- 對產品經理說明他們需要成長的領域？

定義你認為的「好」可為你提供一個指南針，幫助你和你的產品經理們在各種不同情境下掌握方向。這些定義每個人都可以清楚看見，同時也是你與產品經理們每次對話的其中一部分。你的團隊會清楚知道你對他們的期望，也會知道你對團隊中每個人都擁有相同的期待和標準。

11　這是在第 2 章提到 GWC 評估表的第一部分：理解（get it）。

是的，你需要投資大量的時間來定義你所謂的「好」。如果你在一個非常大的產品組織中工作，你甚至需要定義出不同類型的「好」。然而，這是一項會對你帶來回報的事情——不僅在你目前的職位，整個職涯都是如此。當你在現有公司開始擔任新角色，或者決定轉職到一家全新的公司時，你都可以帶著它並隨時進行微調。

如何開始

那麼，要怎麼建立一個框架，來定義你認定的「好」呢？你可以自己想出一個方法，或者採用其他人已經開發出的方式。以下提供我的方法讓你參考：

1. 定義你認定的產品經理本質（PM essence）。 這些是你期待產品經理擁有的個性特質。請記住，這些特質很難改變——它們通常已經存在於個性裡——所以在招募過程中辨識出它們會很有幫助。以下是我自己期待與尋找構成產品經理本質的個性特質：

- 好奇心

- 情緒智商

- 渴望發揮影響力

- 智能

- 適應力

- 可以愉快地相處

我來解釋一下為什麼選擇了這些特質。

對產品經理而言，如果對這個世界充滿**好奇心**，並且單純地因為熱愛學習而去研究各種事物，那會是一件好事。擁有好奇心的人渴望更加了解公司營運的商業領域、產品、使用者、使用者如何運用他們的時間、以及新的技術。他們不會抱怨為了處理一個不同領域的問題而需要學習新方法，事實上，他們很歡迎這樣的機會。

我選擇**情緒智商**是因為這個詞涵蓋了許多其他方面。如果你對自己的感受保持覺知，並能覺察他人的感受和需求，那麼你將會感覺到使用者在使用你的產品時遇到的困難，並能因此透過改善產品運作方式來減輕這些痛苦。擁有高情商的人會想要幫助那些在會議中從未有機會發言的團隊成員，他們也能幫助你找出公司 / 產品組織裡的有害行為。在招募過程中，他們會是很好的合作夥伴，因為他們可以判斷一個人是否能夠與現有的團隊合作順暢。[12] 他們甚至會在合作夥伴管理和談判方面擁有出色表現，因為他們可以分辨另一方對什麼感興趣。

但我也見過一些具備好奇心和高情商的人在產品角色中掙扎，因此，我發現要成為優秀的產品經理還需要一些其他條件：

他們必須要**渴望發揮影響力**，這意味著必須專注於讓事情完成，以及交付真正的價值給使用者，同時也能帶來獲利以維持組織運行。他們得要喜歡啟動、完成、優化或改進某些事物的感覺。如果他們聰明且有智慧（也就是擁有快速理解複雜且相關事物的**智能**），這樣的人將會非常適合產品經理的工作。

錦上添花的部分是**適應力**——他們是否能夠自在地應對任何形式的變化？如果答案是肯定的，那就是一大加分！

---

12 Kate Leto, *Hiring Product Managers: Using Product EQ to go beyond culture and skills*, Sense & Respond Press (2020)

最後，我認為很重要的是產品經理必須是人們喜歡一起工作、**相處愉快**、可以玩在一起、聊天及諮詢的對象。在本章最後延伸閱讀的部分，我還列出了一些產品經理本質的相關資料供你參考。

那麼，現在輪到你了：請填寫圖 4-1 的表格。你希望在產品經理身上看到哪六種主要的個性特質？

2. 定義對你而言重要的產品經理職責、技能和知識。從這裡開始，我們要深入探討實際的產品管理流程，以及做好工作需要些什麼。在上一章介紹的 PMwheel 是一個用來定義產品經理職責、技能和知識非常有幫助的框架，我們將在下一節詳細說明。

3. 加入公司價值觀和其他組織層級的因素。這些是公司的核心價值觀和工作準則，例如 Amazon 的 14 條領導守則[13] 或 P&G 的 5 大企業價值[14]。將它們加入你的定義很重要，這樣才能確保你的產品經理們——以及你自己——會定期地回顧它們。

我對好產品經理的定義 — Petra Wille | strongproductpeople.com

產品經理的本質 你認為產品經理需具備的個性特質	好奇心　智能 情緒智商　適應力 渴望發揮影響力　可以愉快相處
職責、技能和知識 成為好產品經理的所有條件。他們的主要任務是什麼？他們得要知道什麼？他們必須擅長什麼？	參考 PMwheel 了解細節，概要而言：尋找並了解值得解決的使用者問題、探索解決方案及辨識出最佳的執行方式、搞清楚如何運用現有團隊而效率地建構它。產品上線後蒐集使用者的回饋、根據回饋持續迭代，用敏捷的方式和你的團隊一起進行這些工作。確保在過程中獲得學習、並投資一些時間在個人成長上。
價值觀 加入公司和團隊的價值觀	贏得信任 支付成果 發明與簡化 主人翁精神(take ownership) 顧客優先

圖 4-1：定義「好」的標準的框架

13　https://www.amazon.jobs/en/principles
14　https://us.pg.com/policies-and-practices/purpose-values-and-principles/

一旦你擁有了自己的方向指南，就與你的產品經理分享。在一對一會談的指導和提供回饋時使用它，並將其納入你的招募和入職培訓流程中。簡而言之，無時無刻都要盡可能地和你的產品經理一起使用這個指南。當你建立了「好」的結構化定義後，你和你的產品經理的工作日常都會變得更輕鬆且更有效率。[15]

這個方法看起來可能有點太過於複雜，我得要承認它的確不簡單。深入挖掘成為好產品經理所需的特質需要花點力氣，畢竟人是複雜的，如果你只是粗略地檢視產品經理最表面的個性、才能、技巧和知識，效果大概不會太好。強烈建議你花點時間在產品組織中建立起這一類的結構化系統[16]，我已經在許多公司看到這樣的系統，也都能帶來出色的成果。

The PMwheel

如同先前提到的，我的「定義你認定的好」模型其中一個關鍵部分，是制定出對你而言產品經埋的重要職責、技能和知識。為了幫助你完成這項任務，我創建了 PMwheel 這個工具。PMwheel 能夠視覺化某人是否具備成為好產品經理所需的條件。請記住，你可以使用我的 PMwheel 版本，或者調整它建立屬於你自己的獨特版本，只要你擁有這類型的框架，而且能夠用在招募、入職培訓、輔導、蒐集回饋等事項上，就是一件好事。

---

15 請記住，沒有兩位產品經理是完全相同的，這是件好事。你不會希望所有產品經理都一模一樣，例如其中一位非常有創意，另一位可能是執行高手，還有一位或許具有很強的策略思考能力。擁有這些各具特色、且能以自己擅長方式做出貢獻的產品經理，將會使團隊受益。

16 如果你是在一個大型組織裡工作，我會建議你與其他產品負責人針對這個部分進行協調。

PMwheel 的八個部分如下：

1. **理解問題**：你的產品經理是否了解使用者面臨的根本問題？他們是否了解目標受眾的動機、問題和信念？他們有考慮過公司 / 組織的需求嗎？

2. **尋找解決方案**：他們已經找到一些需要被解決的好問題了嗎？太棒了！他們能夠與團隊和利害關係人合作，提出一些可能的解決方案、並設計一個實驗來測試哪些方案值得建構嗎？

3. **做些規劃**：無論你喜歡傳統的產品路線圖，或知道如何使用最新的敏捷規劃方式，產品經理都必須準備好一份計劃和說個好故事來解釋下一步是什麼。

4. **把事情完成！**每個產品經理都得知道如何與開發團隊合作，以將產品交付給客戶。

5. **聆聽與學習**：一旦你釋出了一些新產品或功能，你會想要觀察人們是否有在使用以及如何使用它，並根據觀察後的學習進行迭代與改善。

6. **團隊**：產品經理在團隊合作的部份表現如何？他們對橫向領導和團隊激勵了解多少？

7. **成長！**：作為一個產品人，他們是否投資了一些時間在個人成長上？

8. **敏捷**：他們只是參考其他人的敏捷工作法，還是真正理解敏捷的價值、原則和實踐方式？

上述前五項都是產品開發流程的一部分，而後三項則較為一般性，並不限定於產品開發。我的網站上有更詳細的版本，包含了許多可作為指引的引導提問，可能會對你有所幫助。[17]

17　https://www.strongproductpeople.com/pmwheel

在 PMwheel 的 PDF 中，「理解問題」的部份有 17 個提問，以下是其中 4 個範例：

- 她能夠將使用者需求轉化為產品價值和潛在收益嗎？(商業考量)

- 她能夠引導出好的使用者訪談並帶來洞見嗎？她知道訪談「可以」和「無法」釐清什麼事項嗎？

- 她能考量到使用者偏見和人們的心理層面嗎？

- 當談論到產品經理應該「成為使用者的代言人」時，她能獲得充份的信任嗎？

我設計了下方的 PMwheel 圖表，包含全部八個部分（也可稱之為要素）：

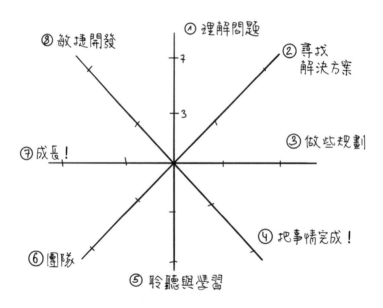

圖 4-2：PMwheel ── 「好產品經理的定義」最關鍵的一部分

無論你是否喜歡 PMwheel，你都必須提出一個像這樣精確和詳盡的定義，以確保你對好產品經理的定義是清楚明瞭的。若你因為某些原因不喜歡 PMwheel，我也在本章最後的延伸閱讀部分提供一些其他的產品經理角色定義方式供你參考。

開始使用你的定義

既然你已經對「好」的定義做了反思，接下來就應該要開始使用它了。我建議你先做一個快速測試：用這個定義來反思你的產品團隊中每一個人，檢視他們的個性特質、技能、知識、職責和價值觀。這個定義對你有幫助嗎？使用它能否為你帶來清晰的資訊？它可以幫助你設計一對一會談的架構嗎？如果還沒有達到這些效果，請持續進行調整，直到它能帶來一些成效。

請記住，人是複雜的，即使你對「好」的定義已經像 PMwheel 那樣完整，它還是無法捕捉到一個人的所有面向。我發現，當我使用 PMwheel 時，它就像雪花的形狀一般——對於每個產品經理所做出的評估都是獨一無二的。有些產品經理在某個領域很強，也有人擅長其他領域，請務必記住這一點。

當評估產品經理時（稍後會討論如何以協作方式進行評估），你可以使用 0 到 7 分的評分方式（使用這個範圍是因為它沒有中位數）。例如，如果你的產品經理對「把事情完成！」這項一無所知，那他將得到 0 分。反之，如果他在「把事情完成！」的表現最令人驚艷，那麼他將得到 7 分。

在完成對所有產品經理的評估後，很重要的是再次查看整個團隊的評估結果，並進行必要的調整，例如：所有在「做些規劃」得到 6 分的人都一樣好嗎？

初步評估會議

現在你已經定義了你的「好」並完成了快速測試,接下來呢?

在此要跟你說明一件之前還沒談到的事:初步評估會議。你會在這個會議上對你的產品經理們介紹你對「好」的定義,然後再和他們一起進行第一次的協同評估。為了讓這個會議對你和你的產品經理們都有效益,我建議採取以下方法:

- 解釋你的框架以及你是如何設計它的。

- 邀請你的產品經理進行第一次協同評估會議。請他們在 PMwheel 的八個部分中為自己評分(你也會準備好你對他們的評估),並請他們將團隊和公司價值納入考量。

- 向產品經理分享你對他的評估,並解釋你在個別項目為何給出這個分數。順帶一提,產品經理給自己的評分比他們的主管給的低是很常見的情況。(在這個部分不要只著重在不足之處,還要讓他們知道,你認為他們已經做得很好的地方!)

- 在會議中找出一個可以改善的部分,最好是一些小的、容易學習或改變的事情,你會希望他們在這個部分獲得成功。

- 詢問他們希望更常進行這樣的討論嗎?如果是的話,多久一次?

- 鼓勵他們提供意見,甚至反駁你的方法也可以。你的產品經理可能會有些看法,能夠立刻改善你的「好」產品經理定義。

整合起來

本章所有工作的目的，是建立起一個好產品經理定義的理想標準，再將你的產品經理與這個理想標準進行比較。若要以最有效的方式進行這項工作，我認為需要以下五個步驟：

步驟 1：深入了解你的產品經理。花時間與你的產品經理相處！了解他們的優勢和需要發展的領域。他們的人生目標是什麼？他們是怎麼學習的？他們在產品經理知識上的程度如何？你也可以與他們共事的對象交談，了解更多關於你的產品經理的情況。

步驟 2：基於你的學習進行反思，並對應到你的理想標準上。根據你的理解與學習，建立屬於你自己的 PMwheel 評估表，讓它幫助你了解你的產品經理的優勢為何、以及在哪方面有成長的空間。

步驟 3：請你的產品經理使用 PMwheel（或你使用的其他框架）進行自我評估。比較他們的評估與你的評估結果並進行討論，尋找有哪些領域需要進一步的培訓發展？

步驟 4：問問自己：我能夠幫助這個產品經理在他需要發展的領域獲得成長嗎？如果不能，你可以找誰來幫助他進步？這一步很重要，因為對你的產品經理來說，被告知「你的時間管理有進步空間」卻沒有提供他們改善的方向與建議，會是一件令人相當沮喪的事。

步驟 5：找個空間一起坐下來，問他認為自己做得如何。這或許是整個流程裡最重要的一步。告訴他們你的看法（想像自己以鏡像方式提出回饋，而不是居高臨下進行指導），討論他們哪些地方做得不錯，並一起決定他們接下來要致力發展的領域。你的產品經理通常已經知道自己在哪些領域有成長的可能性，以及做出什麼改善會帶來最大幫助——不論是在他們目前的角色，還是面對下一個更大挑戰時。

請切記，具有結構化的框架，可以讓你和產品經理討論成長發展議題時變得更容易，結構化也確保每個人都能得到同樣標準的回饋，使整個過程更公平、更透明。

延伸閱讀

- 從其他公司學習：

  - 在 Almundo 如何設計人才成長計畫 https://www.strongproductpeople.com/further-readings#chapter-4_1

- 其他 PM 技能模型：

  - The PM Daisy：https://www.strongproductpeople.com/further-readings#chapter-4_2

  - Marty Cagan 的產品經理評估表 https://www.strongproductpeople.com/further-readings#chapter-4_3

  - Shaun Russelle 改編自 Spotify 模型的評估表 https://www.strongproductpeople.com/further-readings#chapter-4_4

- 產品經理個性特質：

  - 好產品經理的十大特質 https://www.strongproductpeople.com/further-readings#chapter-4_5

  - 638 項人格特質 https://www.strongproductpeople.com/further-readings#chapter-4_6

- 參考書籍：

  - *FYI: For Your Improvement 5th Edition* by Michael Lombardo and Robert Eichinger，無繁體中文版

PART II

管理團隊——
找出你的溝通方式

作為產品部門最高主管，你對於管理和領導的藝術與科學應
該要有超越常人的熟悉度，畢竟，你必須透過其他人來讓事
情完成。在這一部分，我們將深入研究成為一名出色主管所
需的條件，以及如何辨識與減少產品經理的能力落差。我們
會探索優秀的管理者如何運用教練式指導來提升管理技巧，
以及如何觀察員工的表現並給予回饋。最後，我們將會考
量，在建立一個傑出的產品組織時，激勵員工與目標一致的
重要性，以及如何協助產品經理找出時間來善盡職責。

我把這一切稱為管理者的「找出你的溝通方式」，這意味著
你需要進行一些內在工作，才能夠好好地表達自己——包含
你的想法、觀點、人生哲學、原則…等——無論是以語言或
行動來進行。

CHAPTER 5

成為一個優秀的主管

- 你的「優秀主管」藍圖

- 來自員工（和同儕）的回饋

- 來自導師和教練的回饋

當涉及管理的藝術和科學時，有一個簡單的真理：沒有人天生就是一位優秀主管——這是一場旅程，意思是任何人都有機會成為優秀的主管。正如同優秀的產品需要透過有意識的實驗、學習和改善的過程所產生，優秀的主管也透過同樣歷程，累積與培養他們的技能和經驗。美國前國務卿 Colin Powell 是這麼說的：「好的領導者需要培養、而不是天生的，他們在試驗和錯誤中學習，也從經驗裡獲得成長。」[18]

當然，很多人都是突然被指派為管理職，前一天我們還在開發產品，隔天就得要帶領一個產品開發團隊。問題在於，大部分的人都沒有在公司裡受過管理他人所需技能的培訓，更不要說如何成為一名好主管了。事實上，領導力

---

18 (November 30, 2005). Effective leaders made, not born, Colin Powell says. 來源：https://news.stanford.edu/news/2005/november30/powell-113005.html

培訓顧問公司 Zenger Folkman 的研究顯示，人們在成為主管的 10 年後才會接受正式管理培訓──在平均年齡 42 歲的時候。[19]

我常常被問到，一個沒有擔任過產品經理的人是否可以成為出色的產品主管。答案是：看情況。有開發團隊的工作經驗確實有幫助，不論是作為設計師、QA、開發人員還是產品經理都可以，關鍵是曾經參與過打造讓客戶可以實際使用之事物的過程。發布產品需要非常多步驟、永無止盡的團隊討論、做出千百個妥協，親眼見識過這些的人將會成為一個更好的 HoP。

但我也認識一些過去沒有產品經驗、仍在工作上表現傑出的 HoPs。根據我的經驗，他們都有一個共同點：他們會學習必備的專業知識，但從未隱瞞缺乏產品知識是自己的弱項。因此，他們能夠發揮自己的長處──具備同理心，他們信任自己的產品經理，並在公司內以及──如果有必要──公司外部發掘優秀人才。

那麼，究竟是什麼讓一個主管變得如此出色呢？根據一項對於 30 萬名領導者進行的研究結果顯示，成功領導最重要的五項技能是：激勵和鼓舞他人、展現高度的正直和誠實、分析與解決問題、結果導向、以及大量且有效的溝通[20]。你怎麼評估自己在這些技能上的表現呢？

若想成為一位優秀的主管，具體上應該怎麼做？根據我的經驗，有三種重要方式可以提升你的管理技能，這也是本章的重點：

首先，你要對自己的目標有個清晰畫面──也就是在你心中，一位理想的主管應該是什麼模樣。

第二，你需要從員工那裡獲取回饋──也可能是來自你的同儕。

---

19 Jack Zenger (December 17, 2012). We Wait Too Long to Train Our Leaders. 來源：https://hbr.org/2012/12/why-do-we-wait-so-long-to-trai

20 Peter Economy (March 30, 2018). This Study of 300,000 Leaders Revealed the Top 10 Traits for Success. 來源：https://www.inc.com/peter-economy/this-study-of-300000-businesspeople-revealed-top-10-leader-traits-for-success.html

第三，你需要一位公司之外的導師或教練，能夠與你交換意見並給予回饋。

接下來，讓我們深入討論每一點。

你的「優秀主管」藍圖

坊間有很多描述優秀主管的資訊，包括文章、論文、書籍和影片等等。比起直接分享這些資源，我更想要強調的是關於優秀主管經常被忽略或低估的五個面向。

1. 人性化。「主管」的傳統定義，是透過他人來完成事情的人，也就是說，他需要依賴部屬來達成自身及組織的目標。主管讓他的團隊成員同心協力，朝著共同的目標前進。因此，最好的主管了解，管理其實就是和人相關的事，以及如何建立人際間的健全關係和信任。優秀主管深具人性——他關心他的員工、顧客以及與他們的事業相關的社群。尤其在動盪不定的時期，這樣的人性化特質更為重要。

因此，展現你人性的那一面吧，表露出你的恐懼、疑慮和脆弱，以及當事情進行順利時，你所感受到的熱情和喜悅。讓團隊成員知道你關心他們，試著了解他們在工作之外的生活——他們有伴侶、孩子或嗜好嗎？欣賞人們的差異，並抱持著他們的行為都有正向目的之觀點（根據我的經驗，人們來上班並不是為了把事情搞砸）。對他們的擔憂持開放態度，並能覺察人際間的緊張，在演變成嚴重問題之前做出適當回應。認可與獎勵良好的表現，營造適當的儀式感和舉辦慶祝活動，並為你的夥伴提供發光發熱的機會。

2. 擁有觀點，但可以適時調整。這可能讓人感到意外，我觀察了許多產品部門最高主管並發現，他們對於影響組織、產品或員工的議題上沒有堅定的立場。例如，我詢問一位 HoP：「對於激勵員工你有什麼想法？你可以影響你的部屬、讓他們更加投入工作嗎？」我經常得到這樣的回答：「呃，我從來沒想過這件事。」

優秀主管對於影響工作領域相關議題要持有強烈觀點，像是激勵、獎賞、商業決策的倫理與道德、多元化的好處[21]、領導與管理的區別，以及產品管理的基本原則等等。最基本的要求是，你要擁有足夠的知識，以對於任何可能浮現的議題提出觀點。同時，當獲得能夠改變最初假設或知識的資訊時，你也要願意調整和靈活應對你原本的強烈觀點。世界總是持續不斷地變化，我們必須要開放心胸，甚至在犯錯時都能享受於其中。

3. 以身作則。作為團隊的主管，為你工作的人會密切注意你的行為，以及你自己能否夠做到你希望（或要求）他們做到的事情。例如，你安排了團隊週會時間，但自己幾乎每週都遲到，有時候只是幾分鐘，有時候則遲到很久。這種行為向你的員工傳達了一個明確訊息——你不重視他們的時間，也間接表示你不尊重他們。如果你不尊重他們，那他們為什麼要尊重你呢？（很可能的情況是，他們不會尊重你！）當然，他們也會認為自己遲到是可以接受的。

優秀主管能夠為員工樹立很好的榜樣，保持有條不紊，並且知道自己在做什麼。HoPs 需要非常了解產品經理的工作內容和方法、準時參加會議、分享專業知識、關注使用者和成果、保持積極態度、下放權力和職責、與團隊協作、溝通，並在必要時勇於做出決策（並確保大家知道你的結論從何而來）。

---

21   https://hbr.org/2013/12/how-diversity-can-drive-innovation

4. 健康的工作態度。我認為，每個人在工作之外都應該有自己的生活，而不是把工作視為一切的重心。當我們對工作抱持著不健康的態度，讓它佔據生活中的每一刻，可能會因此感到壓力過大，並導致一些嚴重的身體狀況，包括焦慮、高血壓、睡眠障礙等等。[22]

思考一下你對於工作的態度，以及你對同事和員工展現的態度。你的態度健康嗎？如果不是，你要怎麼改變它？照顧好自己，走出辦公室——或許可以嘗試一下邊散步邊進行一對一會談。不要為小事煩惱，了解到加班不見得能帶來更好的結果，試著更聰明地工作，而不只是加倍努力。注意員工是否有過勞的跡象，並協助他們減緩壓力。

5. 對組織的影響力。如果你有堅定的觀點（我希望你有），那麼你必須確保這些觀點能夠滲透到組織中。為員工創造安全的工作環境，同時培養協作風氣，並能和組織的價值觀一致。確保資訊在組織裡流動順暢，包括從上往下、由下而上、以及不同部門間的橫向溝通。找出並設法消除工作場域中阻礙動機和製造過度壓力的來源，例如製造負面氣氛的人、設計不良的流程和不好的任務管理方式。

總而言之，要有人性，抱持堅定的觀點但又能適應變化，以身作則，保持及展現健康工作態度，並在你的組織中發揮影響力。如此一來，你就能夠好好地邁向成為優秀主管之路。

22　(October 2019). Coping with stress at work. 來源：https://www.apa.org/helpcenter/work-stress

從你的員工（和同儕）獲取回饋

你已經擁有領導組織所需的藍圖，接下來如何付諸行動呢？要怎麼知道你在哪些領域做得不錯、哪些部分需要更努力？唯一的方法就是從你周圍的人獲取回饋。

首先，你應該尋求直屬員工的回饋。可以將員工回饋作為一對一會談的固定流程，以及每一季發送回饋問卷，持續鼓勵你的直屬員工向你提供意見。然而，僅僅鼓勵和尋求回饋是不夠的，你必須讓團隊看到你願意針對其中一些建議採取行動，對照優秀主管藍圖各部分的進展，並集中力氣在需要改善的領域。[23]

以下是 Google 設計的一份問卷，讓員工可以對他的主管提供回饋。我有稍微修改其中一些問題。答案使用李克特量表 (Likert scale) 的形式提供：非常同意、同意、中立、不同意和非常不同意。我發現這份問卷對五人以上的團隊效果特別好。[24]

1. 我會向別人推薦我的主管。

2. 我的主管指派具有挑戰性的任務給我，幫助我在職涯中獲得成長。

3. 我的主管為團隊設定明確的目標。

4. 我的主管經常給我具體可行的回饋。

5. 我的主管提供我完成工作所需的自主權（意思就是，不用「微管理」（micromanage）的方式，干涉各個層級的細節）。

23　我在第 8 章〈追蹤績效與提供回饋〉會說明如何應對回饋。

24　若團隊人數不到五人，回饋就不是真正的匿名，因為在這麼小的團隊裡，很容易就可以分辨誰給了什麼答案。

6. 我的主管總是以人性化方式表達對我的關懷。

7. 我的主管始終讓團隊專注於最優先事項，即使在面臨困難時也是（例如：拒絕或降低其他專案的優先級）。

8. 我的主管定期分享來自他的主管和高階管理層的相關訊息。

9. 在過去三個月內，我的主管與我認真地討論過我的職涯發展。

10. 我的主管具備有效管理我所需的領域知識（例如：科技領域中的技術判斷力、業務領域中的銷售能力、財務領域中的會計知識）。

11. 主管的行為展現出他重視我為團隊帶來的觀點，即使這個觀點與他自己的不同。

12. 我的主管能夠確實地做出困難決策（例如：涉及多個團隊、或是競爭優先順序的決策）。

13. 我的主管能夠進行實質上的跨界合作（例如：在不同團隊和組織之間），並能促成方向一致性。

可額外選用的問題：

1. 你建議你的主管保持哪些行為？

2. 你希望你的主管做出哪些改變？ [25]

---

25 (n.d.). Tool: Try Google's Manager Feedback Survey. 來源：
https://rework.withgoogle.com/guides/managers-give-feedback-to-managers/steps/
try-googles-manager-feedback-survey/

從導師和教練獲取回饋

組織之外的人是非常好的回饋來源。德語有句話是「Ein Auto, in dem man sitzt kann man nicht anschieben」，其大意為：「你無法推動自己坐在裡面的車子。」當你是某個系統的一部分——例如你的公司或團隊——你可能很難看清楚自己的行為，無論是好的或壞的。

教練和導師除了對你非常了解之外，也可以帶來外部的觀點，幫助你看到可以提升與發展的領域。一位好的導師會提供你很好的指引，分享他如何處理類似問題，並在你的歷程中提供建議。而一位好的教練可以幫助你建立發展計劃，確保你為自己的學習領導之旅負責。

當你準備找尋導師時，我非常推薦你遵循 Gibson Biddle 在他發布的 12 條系列推文中所提出之建議（例如，「簡單的建議：從輕鬆的聯繫開始，再慢慢地建立起關係」）[26]。當你需要找一位好教練時，建議你先問一下你的人際網路、你的上司和社群。我發現最好的教練通常是由同事推薦和介紹，也因此這些教練們通常都很忙，但無論如何，好的教練總是很樂意認識準備在管理上做出真正變革的人。所以，鼓起勇氣，不要猶豫地向外求援，新的火花可能會因此而激起！

無論你想從哪裡得到回饋，記住，這都需要你主動積極地去尋求。我可以保證，當你開始付諸行動，你將會因此成為一位更好的主管。

26　https://twitter.com/gibsonbiddle/status/1258038802494316544

延伸閱讀

- 關於擁有健康的工作態度：

    ◦ David Heinemeier Hansson：解雇工作狂 https://www.strongproductpeople.com/further-readings#chapter-5_1

- 個人成長：

    ◦ 為了提高自制力，首先要改變你的心智狀態，以便「看到」某些任務其實不那麼費力。事實上，研究指出，在心理上將任務視為有趣或有益的，可以減少我們感覺到的努力程度。來源：https://www.strongproductpeople.com/further-readings#chapter-5_2

- 造就優秀主管的方式：

    ◦ Cate Huston 值得一看的演講，內容是關於倦怠的原因，以及如何應對倦怠的個人故事 https://www.strongproductpeople.com/further-readings#chapter-5_3

    ◦ Amazon 的領導準則 https://www.strongproductpeople.com/book/further-readings#chapter-5_4

- 教練與指導：

    ◦ Gibson Biddle：如何尋找並留住導師 https://www.strongproductpeople.com/book/further-readings#chapter-5_5

CHAPTER 6

找出並弭平產品經理的能力缺口

- 找出你的產品經理需改善的領域

- 找出產品經理對於培訓／支持的額外需求，並提供對應資源

- 創造未來的自我

既然上一章已經揭示了優秀主管需要做些什麼，接下來讓我們開始討論如何執行吧！待辦清單上的第一件事：如何透過與產品經理合作、找出並弭平他們在專業與知識上的缺口，來協助你的產品經理發展、學習和成功。將焦點放在改善他們的弱項，他們的強項也會表現得越來越好。

在本章中，我們將探討如何找出產品經理需要改善的領域，然後提供所需的支持來填補這些缺口。最後，我們將會思考，如何幫助你的產品經理創造他們的未來自我。

找出產品經理的能力缺口

無論我們有多麼優秀、在學校裡學習了多少年、或者參加了許多培訓課程，每個人的知識和經驗都還是存在著一些缺口。有些缺口顯而易見，有些則是難以辨識。所以，為何找出產品經理的能力缺口如此重要呢？

那是因為，一個人只有在知道自己的不足之處時，才能真正地進行改善。換句話說，他需要清楚意識到自己的能力缺口，並願意去弭平它們。作為 HoP，你可以協助產品經理們找出這些缺口，幫助他們了解學習新技能及獲取新知識對他們和團隊有何益處，並在他們試圖填補這些缺口時給予支持[27]。接下來，讓我們深入了解一些相關理論：

- 為何人們看不見自己的缺口

- 為何產品經理的成熟度很重要

- 啟動找出缺口的流程

人們經常透過和同儕比較，發現自己的能力缺口。例如：「他在建立和調整新顧客引導流程（onboarding Processes）上肯定懂得比我多，因為他的使用者轉化率總是非常高！」或者因為團隊成員告訴他，某一項技能需要改進，因而覺察到能力缺口（幸運的是，開發者們經常會這樣做）。例如：「William，不好意思要這樣跟你說，但你在待辦項目列出的驗收標準（acceptance criteria）真的不行，你能不能請 Susan 幫忙？她的驗收標準真的寫得很好。」然而，跟自身人格特質相關的能力缺口，自己通常較難察覺。以下是一個很好的模型，可以用來解釋這個現象：

---

[27] 若你從未擔任過產品經理，因此對這個部分感到窒礙難行，請務必尋求他人的協助，例如其他資深產品經理、或是外部的產品教練。

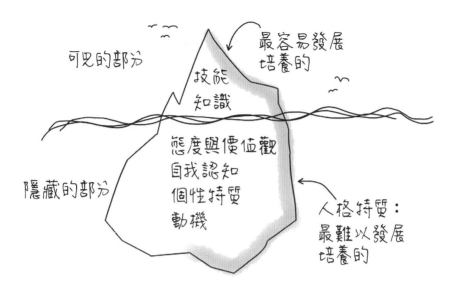

圖 6-1：Spencer & Spencer 冰山模型——以冰山來展示出哪些能力是可見且最容易發展培養的，以及哪些是隱藏且最難發展培養的。

Spencer & Spencer 冰山模型顯示，當涉及到你的動機、態度或價值觀時，缺口通常很難被看到——它們隱藏在表層以下，需要透過他人協助才能發現它們 [28]。當你開始與人們討論這些更為私人的話題時，遭遇到一些反抗是可預期的。就如同你在深入探索產品經理的人格特質時，會發現這個部分的培育發展更加困難——你需要一些教練技能才能做好這點。

在與產品經理合作找出他的能力缺口時，你得要不斷嘗試拓展他的視野。如果你對這位產品經理的認知、與他對自我的認知沒有太多交集，請幫助他看到你所看到的事物，包括他們需要學習的，或者是為了成為更好的產品人應該要精通的部分。

28 Lyle Spencer Jr. and Signe Spencer, *Competence at Work: Models for Superior Performance*, John Wiley (1993) p. 11

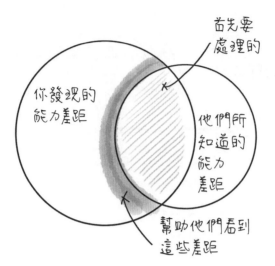

圖 6-2：找出並弭平產品經理的能力缺口，
以幫助他們拓展視野

讓我們花一點時間來思考，在找出能力缺口的過程中，產品經理成熟度所扮演的角色，以及這件事的重要性為何？產品經理的成熟度很關鍵，因為它可以告訴你協助某人弭平能力缺口的急迫性有多高。「讓產品經理具備基本能力」和「進一步發展培育產品經理」是有差異的。對於老練的 HoP 而言，辨識出能力缺口相對簡單，且他們已經掌握使產品經理達到基本能力的策略。但進一步協助其職涯發展，挑戰性就更高了。為了實現這個目標，HoP 得要更細心地傾聽，詢問每位產品經理對於未來有什麼計劃，並且幫助產品經理擴大視野，讓他們看見自己的潛能和可能性。

若進一步深入觀察，會發現產品人職涯通常有同樣的發展路徑。他們從產品新手開始，然後成長為可以讓開發團隊致力於有價值工作的產品經理。接下來，他們成為稱職（competent）的產品經理，可以提出穩健的產品策略，並能應對產品生命週期中可能遇到的各種問題。

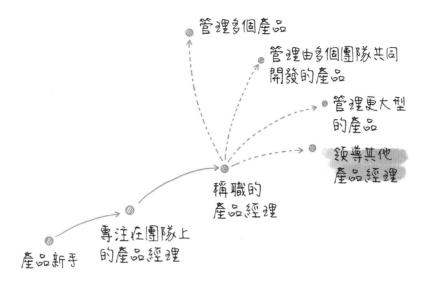

圖 6-3：產品經理的典型職涯歷程

接下來，產品經理有許多不同的發展路線。有些人會管理比之前更大的產品，有些被指派去管理多款產品，有些人開始管理多個團隊共同開發的產品，還有一些人會被挑選出來，負責領導其他產品經理。

大部分產品經理典型的職涯發展路徑是這樣的，剛開始時，他們與一個跨功能團隊合作，並且管理兩到三個衝刺（sprints）或敏捷迭代的工作量。如果他們在這方面表現良好，通常會繼續學習去執行更多的產品探索事項，以及更加成果導向的工作——也就是專注於為使用者提供最大價值，同時為公司帶來正面效益（例如增加營收）。他們將學習如何擬定產品策略和願景，以及怎麼與他人分享這一願景。

這就是產品管理的全局觀，一旦某人可以掌握上述所有事情，我會稱他為一名稱職的產品經理。他不僅能夠管理開發團隊，更能洞察並清晰地陳述全局，同時引導他的團隊朝目標前進。

現在，讓我們回到弭平能力缺口的迫切性。如果你有一位資深的團隊成員——一位已經在組織中工作了好幾年的產品經理——而你認為她還不是一位稱職的團隊產品經理，那麼，盡快處理這個情況就是你的責任。與該成員討論你對於團隊產品經理的期待，並提供你的協助，幫助她在合理的時間內達到這些期待。你絕對不能忽視這個情況，正如 Steve Gruenert 和 Todd Whitaker 在他們的書《*School Culture Rewired*》所說：「任何組織的文化，都是由領導者願意容忍的最糟糕行為塑造而成。」[29] 每個人都在觀察，作為 HoP 的你，願意容忍產品經理的最差表現是什麼。

如果在公司裡，跨職能（cross-functional）、賦能（empowered）的產品團隊已經運作了好一陣子[30]，而你的產品經理還沒有達到稱職產品經理的水準，同樣的道理也適用。因為「能夠管理待辦清單和團隊」不足以在這樣的環境下獲得成功。賦能團隊需要一位稱職的產品經理，來執行能為使用者創造價值、並能幫公司賺錢所需的所有工作。如果你的產品經理沒有達到稱職水準，你應該立刻處理這個問題。如果你的公司正處於從功能團隊（feature teams）轉變為賦能產品團隊之過渡階段，那麼弭平能力差距的時間稍微拉長一些是可被接受的，因為每個人都需要理解新的情境，並且努力彌補自己的不足。[31]

最後，很重要的是，你還要協助那些已經準備好邁向職涯下一階段的稱職產品經理，提供他們發展與進步所需的支持。在這種情況下，迫切程度關乎於你有多擔心他們已經開始感到無聊（並可能因此離職）。如果這正在發生，請加快與他們合作的步伐，在未來幾個月裡找出下一個需要弭平的能力缺口，以及他們職涯的下一步是什麼。

29　Steve Gruenert and Todd Whitaker, *School Culture Rewired: How to Define, Assess, and Transform It,* ASCD (2015) p. 36

30　參考 https://svpg.com/product-team-faq/

31　關於這兩種團隊的差異請參考：Marty Cagan (August 29, 2019) Product vs. Feature Teams. 來源：https://svpg.com/product-vs-feature-teams

目前為止，我們已經探討了為何產品經理很難看到自身能力缺口，以及為什麼產品經理的成熟度很重要（因為它可以幫助自己，確定哪些缺口最需要迅速弭平）。接下來，我們將著手進行初步識別能力缺口的行動。

初步識別能力缺口

正如我們在前一章所討論的，教練指導應該要從評估被指導者的情況開始。對於產品經理成長計畫的最佳啟動方式，就是進行一小時的一對一會談。

首先，思考以下三個問題：

- **他能描述現狀嗎？**接下來的四週他將會交付什麼？

- **他能描述下一步是什麼嗎？**在接下來的五到十二週，他將會進行哪些工作？

- **他能描述長期願景嗎？**他能否清楚地表達產品更遠大的機會是什麼？他將在何時、用什麼方式去追尋這些機會？

若他無法在一小時的會談中完成上述所有內容，你就知道自己必須幫助這位產品經理達到稱職水準了。如果他可以做到這三項，你可以開始使用基於第 4 章〈你所定義的「好」產品經理〉所建立的「好產品經理指南」，進行更詳細的產品經理評估。

一旦識別出這些能力缺口，你的職責就是提供產品經理所需的支持、培訓和機會，使他們發展到稱職的水準。

附註：如果你是經驗豐富的產品主管，詢問產品經理「你目前在進行什麼工作？接下來的任務是什麼？」這類問題可能會有點奇怪。我的猜測是，作為產品部門最高主管，你可能會認為自己早就知道團隊裡每個成員的答案。然而，在沒有事先諮詢他們的情況下，你大概無法代替所有的產品人員回答這些問題。因此，即使你已經管理這些人一段時間了，進行這樣的活動還是很有幫助的。如果你向他們解釋這麼做的原因，並表示你希望投入更多時間在他們的個人成長，人們通常會喜歡這樣的做法。

現在，讓我們做個總結：作為領導產品經理的人，你應該反思一個合適的產品人需要具備哪些特質和能力。思考每位產品經理的成熟度，他們目前的專業水準為何？作為產品經理，他們的表現如何？觀察你的產品經理並給予他們具體回饋。與人們討論他們的能力缺口通常很困難，但如果你的回饋足夠具體，並且包括了組織中其他人的回饋內容，這樣的討論會對他們非常有幫助。你也要鼓勵產品經理們從同事那裡獲取回饋，以更清楚地了解他們實際的工作能力。[32]

弭平產品經理的能力缺口

當你確定某一位產品經理存在能力缺口時，接下來該怎麼做呢？你得要與他合作，大多數情況下，這涉及學習新知識來弭平這個缺口。你應該意識到學習新事物需要付出很多努力，而人們天生就討厭浪費力氣。但是，當他們理解這是值得的投資時，就會更願意投入精力去學習。

32　第 8 章〈追蹤績效與提供回饋〉對於回饋將有更詳細的介紹。

大多數時候，人們都很樂意擁有學習新事物的機會和支持。在這種情況下，他們存在所謂的內在動機去學習新知，這也是最好的狀態。但如果情況不是這樣，你應該試著跟對方說明，學習這些新事物的用途和意義是什麼，才會培養出這位產品經理的內在動機。

提供每位產品經理他們喜歡且有共鳴的學習方式非常重要。例如，不是每個人都喜歡閱讀書籍，或是熱衷於參加外部培訓。

你必須明白，即便你是領導者，也沒辦法強迫他人學習。就算他們心裡覺得這個想法很糟，口頭上還是會說想要學習，只因為他們想要討好主管。但是，當受到壓力並被迫參加自認為沒有幫助的培訓時，人們的大腦是沒辦法學習的，這只會浪費彼此的時間和金錢。因此，你應該要想辦法讓他們相信這是個好主意，並激起他們的興趣和參與意願。你需要讓他們基於自己的意願去學習與成長，而不是強迫他們。

那麼，要如何支持你的產品經理、鼓勵他們弭平自身能力缺口呢？

當面對一位需要學習新事物的產品經理時，產品部門最高主管的反應通常是：「送他們去培訓吧！」但根據我的經驗，培訓可能是幫助人們學習新事物的最無效方式，讓我來解釋一下為什麼。

在探索什麼是幫助產品經理學習新事物的最佳方式時，首先，我們要評估一下他們的能力，才能確定他們需要學習什麼。這裡所謂的「能力」是指可在特定工作情境中應用某項技能。請先評估，他們需要的是可被記下來的「知識」嗎？還是需要學習某些「技能」，以便完成對應的任務呢？

如果是前者，也就是需要獲取知識，那麼培訓可能是個不錯的選擇。例如，若你的產品經理必須了解一些新的法律或規章，那就為他們提供培訓吧。但事情通常沒有那麼簡單，如果他們需要掌握一項新技能，而這項技能只能透過「執行、檢視成效或結果，並依此調整執行方式」來學習。請重複進行「執行、檢視、調整」的循環，直到達成符合期望的成果。[33]

作為一位優秀的產品部門最高主管，只是讓團隊成員知道他們存在能力缺口是不夠的，你得要幫助他們理解哪些部分需要改變——也就是你期待達到的成果是什麼。當他們踏上學習新技能的旅程時，你會幫助他們清晰地識別「達標點」，資歷越淺的產品經理，越需要明確知道這一點。你可以這麼說：「你目前的時間管理技能尚未達到標準。我希望看到你能夠……，這樣我就知道你的時間管理能力已經有所進步了。」（更多的學習建議，請參考本章最後關於新事物與技能的常見方式列表。）

在協助產品經理弭平能力缺口時，我喜歡使用名為「未來自我」（future self）的簡單框架，來為對話提供明確的結構。我是從組織顧問公司 Korn Ferry 出版的《*FYI: For Your Improvement*》[34] 一書中學到這個框架。「未來自我」框架是一份由產品經理起草的文件，包含以下四個部分：

- **實際狀態（As-Is）**：描述產品經理目前的狀態。

- **期望狀態（To-Be）**：描述產品經理在學習或精通某特定技能後，期望達到的狀態。

- **行動**：一份幫助產品經理更接近其未來自我的行動清單。

- **時程**：跟進的次數和間隔，例如：「五月至九月，跟進 10 次，大約每月兩次。」

33　檢視（inspect）與調整（adapt）是 Scrum 的基本概念，關於這些用語的說明請參考：Dan Ray (June 18, 2019) What does "Inspect and Adapt" really mean? 來源：https://medium.com/serious-scrum/what-does-inspect-and-adapt-really-mean-c9c61897027d

34　Michael Lombardo and Robert Eichinger, *FYI: For Your Improvement 5th Edition*, Korn Ferry (2009)

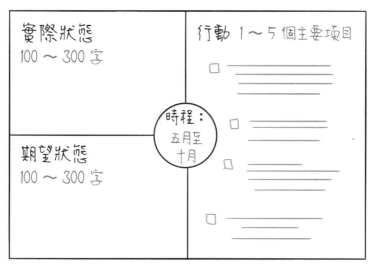

圖 6-4：未來自我模板

在與產品經理一起建立「未來自我」文件時，記得要檢視一下他們的興趣喜好，了解他們的學習型態、具備的知識和過去的經驗。以下是一份檢查清單，可以用來協助你與產品經理進行一次兩階段的「未來自我」演練：

未來自我——第一階段

■ 確保雙方意見一致。你們要應對的能力缺口是什麼？用這個作為文件的標題。（在初步識別能力缺口的會議中，你應該對他們詳細說明為何這件事很重要。）

■ 說明「技能」、「能力」和「知識」之間的區別，以及為什麼這些區別很重要。

- 介紹「未來自我」的模板格式，並請你的產品經理草擬一份初稿。同時也要告知他們，之後將會有第二個階段的討論，你會協助他們完善這份文件。

  ○ 「實際狀態」至少應包含 10 個句子，建議他們詢問 3 ～ 5 位同事的意見，以更準確反映「實際狀態」。

  ○ 「期望狀態」應盡可能具體和精確，描述未來幾週或幾個月後，其他人會察覺到的改進是什麼？

  ○ 列出 3 ～ 5 個行動項目。如果你熟悉 BJ Fogg 的「微小習慣」（Tiny Habits）理論，應用這個理論非常有助於行動的執行。[35] 若他們想學習或改變的目標非常宏大，可以考慮設定一個需要持續跟進的「未來自我」版本，從小目標開始逐步執行，因為根據我的經驗，想要改變的熱情很難持續超過三到四個月。可以請他們列出任何有助於達成目標的事物，例如需要進一步的培訓，即使這可能涉及一些費用，都可以在第二階段的討論中進一步確認。

  ○ 提供你的持續支持和適時輕推（nudging）。詢問他們需要多少協助和提醒，並請他們提供實際可行的時程規劃，同時，也要考慮到日常工作、突發狀況、假期等因素的影響。

- 確定下一次跟進會議的日期，一般來說都是在一到兩週後進行。

- 請他們在下次會議的兩天前將初稿文件寄給你。

---

35 「微小習慣」的資訊請參考：https://www.tinyhabits.com

未來自我——收到初稿後的檢查項目

- 寫下你的回饋意見！

- 「實際狀態」：檢視你的意見是否被納入其中，以及他們是否有花點力氣詢問其他人的觀點。如果沒有，你要讓他們知道這些事情的重要性，在做好它們之前，不會進入第二階段的會議。

- 「期望狀態」：檢視這個部分是否足夠具體精確，以及是否符合你心中產品經理「未來自我」的形象。思考一下，你認為學習新事物是不是真的很重要，或者他更需要的是忘卻所學（unlearning）一些舊有行為模式。（「忘卻所學」是個強大的概念，可以參考 Barry O'Reilly 專門探討這個主題的《Unlearn》一書，了解關於這個領域的一些訣竅。[36]）

- 「行動」：是否有拆分成小步驟——可以在一至兩週內完成的事情。檢視他們是否選擇了恰當的學習方法，並確認有沒有更好的替代方案。有時候，培訓可以搭配書籍、線上課程或一位導師來進行，學習效果將會更好。

- 「時間安排」：確保他們保留足夠的時間。在學習複雜事物時，大腦需要一段時間讓潛意識產生作用，而且你的產品經理也需要時間進行至少兩輪的檢視與調整。培養一個新習慣需要完整的 66 天 [37]，保持耐心，給予他們所需的時間，藉此讓產品經理們了解公司對於學習的重視程度！

---

36 Barry O'Reilly, *Unlearn: Let Go of Past Success to Achieve Extraordinary Results*, McGraw-Hill (2018)

37 James Clear (n.d.) How Long Does It Actually Take to Form a New Habit? (Backed by Science). 來源：https://jamesclear.com/new-habit

- 感覺卡住了嗎？《*FYI: For Your Improvement*》一書提供了針對特定能力的行動項目建議，可以考慮使用這本書作為靈感來源。

未來自我──第二階段

- 詢問他們在填寫模板的過程中，哪些步驟可以輕鬆完成？哪些是比較困難的？你可以從中獲取額外的洞見，藉此調整接下來你要提供的回饋。

- 分享你對他們「未來自我」的看法，並提出一些可能的調整建議，然而，是否採納這些建議還是他們自己的選擇。研究顯示，在學習新事物時，能做出有意義的選擇是非常重要的！

- 涉及預算的決策可能需要由你決定。如果你打算變更某個行動項目，例如將實體培訓改為線上課程，請確保你有清楚解釋原因。

- 詢問他們是否知道自己最佳的學習方式（「你最擅於使用什麼方式學習？」），並看看他們認為「未來自我」是否反映了這一點。

- 鼓勵他們與其他同事合作，例如，參與學習小組這類型的活動。這不僅讓他們可以相互激勵，也能提高成功的機會。

- 詢問他們是否覺得「未來自我」具有足夠的挑戰性，但又不至於帶來過多的壓力，因為在這裡取得平衡非常重要！

- 確定下一次跟進會議的時間──並確保他們對此有當責的態度！

當你和產品經理一起完成「未來自我」表格後，看起來應該會類似圖 6-5。

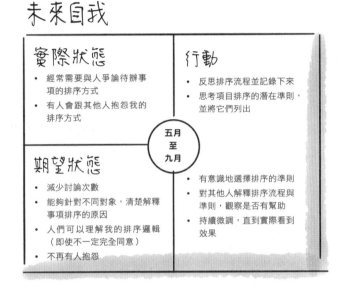

圖 6-5：一份填寫完成的未來自我範例

學習新事物或培養新技能的常見途徑

對於你的產品經理來說，學習新事物或培養新技能有許多不同的方法可供選擇。有人可能只需閱讀一本書並對其帶來的變革有所想像，就足以觸發改變的歷程。另外，也有人藉由在日常工作中採用新方法來進行學習，或是透過教導他人來吸收新知識。學習的可能性實際上是無窮無盡的。

與產品經理們合作過程中，你還發現了哪些成功的學習策略呢？以下列舉了一些最常用來學習新事物或培養新技能的方法：

提升知識／能力／技能

- 線上課程

- 閱讀書籍

- 觀賞演講

- 進行副業（side projects）

- 藉由實踐來學習（並利用額外時間進行檢視和調整），或是與（通常為組織內的）指導者（mentor）一起工作來學習

- 同儕間（peer-to-peer）學習

- 培訓（最好的培訓時機，是剛開始要在工作上運用培訓內容，且該項工作仍在進行的時候）

- 培訓並在之後接受教練指導

深化知識／能力／技能

- 在部落格上撰寫相關文章

- 發表演講分享（在組織內部或是對外公開演講）

- 教導其他人自己學習到的事物

你可以嘗試將這些方法進行各種組合。需要注意的是，若你想實現的改變越大，或需要掌握的技能越複雜，預期要投資在產品經理身上的時間和資源也會相對增多。當你分派給產品經理們學習任務後，不要只是制定了計畫就置之不理，而是要持續地跟進，至少，你應該要詢問他們學習的狀況如何。

延伸閱讀

- 若你有興趣深了解人類偏見，推薦 Rolf Dobelli 所著的書籍：
  《思考的藝術：52 個非受迫性思考錯誤》，商業周刊

- 為什麼產品經理學習新事物不僅重要且有意義
  https://www.strongproductpeople.com/
  further-readings#chapter-6_1

- 若你的工作涉及了解或改變人們的個性，應注意的一個偏見：
  達克效應（Kruger-Dunning effect）
  https://www.strongproductpeople.com/
  further-readings#chapter-6_2

- 關於在組織中容忍低績效員工的代價：

  ○ Robert Half International 新聞稿：調查顯示，經理
    每週花將近一天時間管理低效能員工 https://www.
    strongproductpeople.com/further-readings#chapter-6_3

  ○ Society of Human Resource Management, HR Magazine：
    一個壞蘋果 https://www.strongproductpeople.com/
    further-readings#chapter-6_4

  ○ The Wall Street Journal：幾顆壞蘋果如何毀掉一切 https://
    www.strongproductpeople.com/further-readings#chapter-6_5

- 如果你被「未來自我」這個概念所吸引，那麼你可能也會對願景
  撰寫（vision writing）感興趣：

  ○ https://www.strongproductpeople.com/
    further-readings#chapter-6_6

  ○ https://www.strongproductpeople.com/
    further-readings#chapter-6_7

CHAPTER 7

教練的力量

- 教練式指導：產品部門最高主管的超能力

- 如何啟動教練習慣

- 首次教練會談時段的實作手冊

大量研究顯示，投資員工職涯發展是值得的。事實上，這或許是你用來提升員工留任率、參與度、生產力和績效的最強大工具。舉例來說，LinkedIn Learning 在 2019 年發表的職場學習報告（Workplace Learning Report）中顯示，有 94% 的員工表示，如果公司願意投資他們的學習和發展，他們會更願意在公司長期留任 [38]。為什麼會這樣呢？因為當你關心員工及其個人發展，並在他們身上投入時間和資源，他們不僅會感到自己被重視，還會因此為組織帶來更大價值。

38　LinkedIn Learning (n.d.). 2019 Workplace Learning Report. 來源：
　　https://learning.linkedin.com/content/dam/me/business/en-us/amp/learning-solutions/
　　images/workplace-learning-report-2019/pdf/workplace-learning-report-2019.pdf

事實上，這也會讓他們的工作變得極具吸引力。當你的員工處於一個可以成長為優秀產品人的環境時，他們會更想要留下來。隨著產品團隊展現越來越優秀的工作能力，你的產品也會變得更好，這將直接幫助到你的公司和使用者[39]。同時，擁有一個適合培養產品管理技能和個人成長的環境，會讓你的公司或產品團隊贏得良好的聲譽，聘用優秀的產品人員也因此變得更加容易。你的員工會推薦自己的公司給朋友們，有些人就會因此選擇到你們公司求職，這將是一個良性循環。

如何讓這些好事發生？答案是透過教練式指導——與員工進行持續且高品質的一對一會談，幫助他們發揮最大潛能。

當然，這些高品質的對話可以在你辦公室內正式安排的績效評估期間進行，但它們也可以是午餐時間在休息室內的非正式談話，或是開發團隊會議後在走廊上短暫的交流回饋。事實上，這樣的對話可以在任何時間、任何地點發生。

你不需要精通教練的藝術，也不用從頂尖大學獲得教練學位才能成為一名優秀且高效的教練。事實上，我發現這種錯誤的觀念對很多人來說是個巨大的障礙。他們會說：「呃，我怎麼可能對別人做教練式指導呢？我對教練工作一無所知——沒有學位、不曾受過培訓、什麼都不懂。所以，我從不做任何教練相關的工作。」

然而，正式的教練培訓、認證或學位都不是必備條件。歸根結柢，重要的只有一件事：你必須關心你管理的人，並且付出努力來幫助他們成長。我必須坦白地說：如果你不願意這麼做，那麼你的產品組織將永遠不會成為一個優良的工作環境，你的團隊也不可能發揮出其最大潛能。所以，你面臨一個選擇：掌握這項最基本的管理技能，或者做好心理準備，看著你最優秀的員工為了更好的機會而離開，以及你的組織不可避免地開始衰退。

39　參考第 1 章〈你扮演的角色〉中肥皂帝國的故事。

身為 HoP，教練工作首要任務是對好產品經理的關鍵要素有深入的理解，這一點我們在第 4 章〈你所定義的「好」產品經理〉有詳細討論。接著，你需要對產品經理們的未來發展設定一個清晰的願景——你如何看待他們兩年後的職涯發展？這部分在第 6 章〈找出並弭平產品經理的能力缺口〉中有深入分析。最終，你必須評估他們是否已經準備好迎接下一個更大的挑戰，以及這個挑戰可能是什麼，這是我們在第 1 章〈你扮演的角色〉中探索過的。

在深入探討如何成為更出色的教練之前，先讓我們思考一下教練究竟在做什麼。

教練的工作

教練工作可視為四階段的持續循環，每個階段都具有明確的起點，並在與員工進行高品質對話的過程中逐步發展。這個循環是持續的——人們會在其中一次又一次地改善與進步。若你決定聘請一名專業教練，以下是他們的主要工作：

階段一：釐清現狀。教練首先要做的是幫助他們的教練對象——即被教練者（coachees）——對於現狀有清晰的理解。這通常在前幾次的教練會談中進行，教練和被教練者在會談中了解對方，決定他們是否能夠合作，然後確定教練指導的主題和目標。在你的實際情境中，這通常起源於某種形式的回饋：可能是產品經理從她的團隊、同儕或利害關係人那裡得到的，或是你提供的一些建議。這些回饋可能涉及職涯發展、學習目標、或是產品經理需要的任何相關改進事項。為了界定教練活動的範疇，你可以請被教練者回答以下問題：

- 我覺得目前最重要的事情是什麼？（例如：完成我的待辦事項。）

- 對我來說，這件事背後隱含著什麼？（例如：事情太多，而且沒有人可以分攤。）

- 需要做出什麼改變？（例如：應該有人接手我負責的某個項目。）

階段二：制定成功策略。 一旦你們就教練目標達成共識，下一步就是協助你的產品經理擬定具體行動方案——也就是能夠帶來成功的策略。作為一名教練，你將幫助你的產品經理了解成功的模樣和感受，同時開拓新的觀點和可能性。

階段三：行動。 當你的產品經理有了成功策略，就是將其付諸行動的時候了：包括啟動、下一步、承諾以及後續跟進。教練不會親自動手，但會協助團隊找到達成目標的各種方法。教練提供的是從旁引導，以幫助被教練者保持在正確的方向。

階段四：評估進度。 優秀的教練會確保你展現當責（accountable）態度，通常是透過後續的跟進會議和檢視結果來實現。你需要評估自己的進度、根據實際情況調整策略、甚至提出新的教練主題或目標。好的教練會在適當的時機提出合適的問題，這是他們為組織帶來的獨特價值。這些問題會刺激產品經理、啟發行動，並於最終促成改變。優秀的教練還會協助產品經理對整個過程進行反思，藉以升級產品經理成長所需的工具與方法。

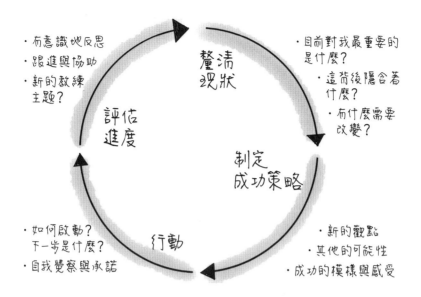

圖 7-1：教練式指導的循環

身為產品部門最高主管，你不該侷限於通用性的教練式提問，還需要視情況提供一些建議，但又要避免直接告訴團隊該做什麼或怎麼做，找到這之間的平衡點很重要。圖 7-2 展示了從「告知」走向「提問」的演變歷程[40]。如果你告訴被教練者該做什麼，甚至幫他解決問題，他在員工這個角色上將很難有所成長。相反地，透過提出適當的問題來挑戰他的思維，你才能為他的長期發展有所貢獻。

---

40 基於此文：J. Preston Yarborough (March 25, 2018). The Role of Coaching in Leadership Development. 來源：https://onlinelibrary.wiley.com/doi/abs/10.1002/yd.20287

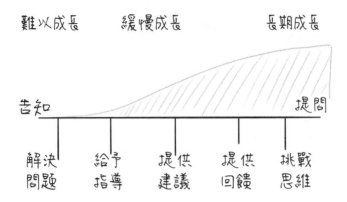

圖 7-2：教練式指導裡告知與提問演進歷程 [41]

那麼，作為產品部門最高主管，在指導你的產品團隊時，和一般的教練還有哪些不同之處呢？如前所述，在選擇教練主題時，你不能像外部教練那樣保持絕對中立。若被教練者處於培養領導力的職涯階段，由他自行付費聘請、或是組織從外部引入的教練，將會完全以被教練者為中心，因此該教練可以專注在被教練者想要進行的任何主題上。但身為產品部門最高主管，你的角色與立場與他們不同，因此也無法這麼做。

首先，除非是因為公司在人才培養和產品發展有出色聲譽而選擇加入的員工，否則你的團隊大多不是出自個人意願選擇你作為他們的教練。而且你始終需要將公司放在首位，這意味著你不能（也不應該）百分之百專注於團隊人員期待的任何教練主題。

作為產品部門最高主管，你得判斷你的產品經理是否缺乏成為稱職產品經理所需的技能和知識，然後你們需要共同努力解決這個問題。所以，你擁有決定教練主題是什麼的發言權。我希望你可以透過「定義好的標準」、運用PMWheel、並依循我在第 8 章〈追蹤績效與提供回饋〉中的建議，與你的產品經理進行有效地溝通。

41　基於此文：J. Preston Yarborough (March 25, 2018). The Role of Coaching in Leadership Development. 來源：https://onlinelibrary.wiley.com/doi/abs/10.1002/yd.20287

如何啟動你的教練習慣

就像其他事物一樣，成為一名優秀教練是可以學習的，隨著更多的實踐，你的技巧和自信心也將逐步提升。接下來，就讓我們看看如何開始培養新的教練習慣：

全心全意投入！ 首先，就是要承諾透過持續且高品質的對話來培育你的團隊。一旦你做出這個承諾，就可以開始實際操作了。如果你之前未曾進行過一對一會談，現在就是開始的好時機！在這些面談會議中，請確保投入足夠的時間，來幫助你的產品經理進步和成長。

以行動表現你的認真態度。 接下來，你需要付出實際行動，讓你的產品經理了解你對這件事情是認真的。我發現「絕不連續缺席兩次」這條規則非常有幫助。舉例來說，如果安排了與員工每週一次的一對一會談，我的原則就是絕對不會連續缺席兩次。確實，有時候會發生突發狀況，導致我無法出席已排定的會議，但這種情況絕對不能連續發生兩次。你也可以藉由充分地準備教練時段或是一對一會談，來讓你的產品經理們知道你有多認真。

提升你的傾聽技能。 雖然這應該不言而喻，實際上卻很少有主管真正聆聽團隊人員的心聲。他們可能會在對話時不停地點頭和微笑，但心思早已飄到遠方。你得要認真地聆聽，同時，留意員工發出可能需要教練指導的暗示，例如：「為了準備這個報告，我熬夜了一整晚沒睡。」或是「我不知道為什麼這裡會出錯，我真的很努力地想把事情做好，也許是我太過專注在其他事情上了。」對這些微小的訊號進行追問，像是：「你想跟我聊聊關於這件事的更多細節嗎？」然後，讓你的團隊人員在對話中自在地表達，即使面臨一片沈默也可安然以對。

先專注產品經理的基本功。正如之前提到的，在使用教練方法提升你的產品經理的表現、或進行更深入的職涯輔導之前，你應該要先確保他們具備基本的能力。[42]

問出好問題。你需要問出能夠真正打動團隊的好問題，這些問題不僅可以讓人們跳出舒適區，還能激發創意、洞見和實際行動。請保持對於產品經理發展的專注與主導性，並表現出你對他們的尊重和在乎。你可以在網路上找到許多不錯的問題範例，但如果想要獲得經實踐驗證的建議，不妨參考我的「52 個問題卡牌組」[43]，以及本章最後的教練手冊。

抑制給予建議的衝動。對於 HoPs 而言，往往會想要直接告訴下屬如何完成某件事，而不是讓他們自行探索解答。因為 HoPs 出自本能地樂於提供建議，且總是急於看到成果。你得要意識到自己想給建議的衝動，並學會控制它。當你的產品經理下次詢問「你認為我應該怎麼處理這個問題？」時，避免陷入想要給出建議的陷阱，與其提出一個看似提問的建議（例如，「你有想過……？」），你可以先詢問他的看法，然後分享一些相關經驗或例子，再問他是否從中得到新的靈感。

保持對話。維持不間斷的交流是至關重要的，尤其是後續的跟進追蹤。如果你和某人共同設定了一個目標，但之後就再也不管它了，這大概是最糟糕的情況。你需要找出一個方式，可以與教練指導的對象進行工作進度追蹤，而不是自己獨立完成那項工作，如同專案管理培訓師 Mike Clayton 所說的：「不要把他們的問題扛在自己身上。」[44]

42　我在第 6 章〈找出並弭平產品經理的能力缺口〉有說明如何做到這點。

43　https://www.petra-wille.com/52questions

44　Mike Clayton (March 27, 2018). Monkey Management—William Oncken Jr.'s Great Insight. 來源：https://www.youtube.com/watch?v=XtBvhftdRKY

學習保持耐心並放下「為什麼」。對於產品人來說，保持耐心是非常困難的，身為產品部門最高主管的你也是如此。一次專注在一個問題上，了解培養新習慣和改變行為需要時間，因此，你需要學會對人們保持耐心。

作為教練，你還得做出另一個重要的改變。當利害關係人或客戶說「這不是我想要的，我希望它能以其他方式運作」時，身為產品人的我們被訓練成要問「為什麼？（why）」以理解背後的問題。

這在與客戶和利害關係人對話時是很好的習慣，但在教練情境中，使用「什麼？（what）」這個詞更強而有力。例如，你可以詢問「對此你有什麼看法？」，這樣的開放式問句會帶給你更多洞見。「你為什麼這麼做？」應該轉變為「你這麼做所期待得到的結果是什麼呢？」。

首次教練會談時段的實作手冊

每個偉大的旅程都是從跨出第一步開始。當涉及對產品經理進行教練式指導時，這趟旅程啟始於你的第一次教練會談時段。如果你之前沒有太多的教練指導經驗，即使你已經擔任產品經理的直屬主管一段時間，教練式指導的啟動時刻（kickoff）仍是必要的。若你能夠做好這個啟動，團隊就不會對你使用新的教練方法感到困惑。直接告訴他們，從現在開始你會更加重視教練式指導，今天只是未來許多這一類互動方式的開始。

順帶一提，在首次教練會談之後，後續的一對一會談也要遵循類似的策略。如之前所述，這是一個持續的循環。

請記住，教練指導不限於正式的會議或教練時段，你可以（且應該）在日常工作中加入小型或非正式的教練指導元素。但如果是一個較為正式的教練時段——例如事先排定的一對一會談——那麼它絕對可以沿用這個策略。

我認為，教練旅程就像一個故事，有一位英雄（產品經理），有個目的地或使命，還有一個反派角色（通常是產品經理自己，以冒牌者症候群受害者的身份，不斷對抗的內在自我批評）[45] 或某些阻擋去路的障礙。你的產品經理英雄們可以透過積極行動、運用才能、堅守價值觀、以及克服恐懼來戰勝反派或克服障礙。圖 7-3 描繪了這個旅程，你可以在第一次教練會談時段時拿它作為模板使用。在首次指導進行時，把產品經理的旅程畫在白板上，並藉由提出正確的問題，幫助你的產品經理在空白處填上內容。

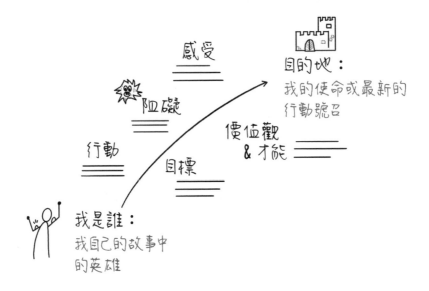

圖 7-3：產品經理的旅程

步驟 1：開場（Check in）。透過一些工作之外的提問來暖場，並啟動聆聽模式。以下是一些問題的範例：

■ 最近閱讀了什麼書？

---

45 關於產品經理們如何克服冒牌者症候群，請參考：Martin Eriksson and James Gadsby Peet (November 2, 2018). Embrace Your Imposter Syndrome. 來源：https://www.mindtheproduct.com/embrace-your-imposter-syndrome/

- 這陣子有造訪新的地方嗎？

- 近期有什麼讓你感到興奮的事情？

- 自從我們上次的一對一會談之後，你的感覺如何？可以分享原因嗎？

步驟 2：探索與確定今天的議題。 對你的產品經理進行教練指導時，最困難的部分往往是找出一個真正有意義的教練議題。專注於實質的問題，而不是對話初期便浮現的表面問題。若你對於該如何引導出有價值的教練議題感到困惑，我設計的 52 個問題卡牌組可以協助你，或者你也可以嘗試以下這些我從《你是來帶人，不是幫部屬做事》（*The Coaching Habit*）這本書中挑選且特別喜歡的問題：

- 最近你有什麼特別在意的事嗎？除此之外還有嗎？（保持耐心，最終你會獲得更多議題。）

- 在這些議題中，哪一個你認為是真正的挑戰？

- 如果 XXX 是你想深入討論的題目，你想要達到什麼成果呢？

其他一些你可以考慮使用的問題：

- 在過去 12 個月中，你認為最棒的點子是什麼？這個點子是何時及如何產生的？你要如何更容易或更頻繁地進入這種思考模式？

- 如果我們（公司／團隊／部門／...）希望進一步改進，你認為應該怎麼做？

- 你在這裡工作開心嗎？請分享你最喜歡的部分是什麼。

- 有沒有什麼是你想要有更多學習、更上一層樓或進行改善的？

- 除了你目前的職責，還有哪些領域你認為自己可以有所貢獻？

■ 如果你可以為自己在公司裡設計一個理想的職位，它會是什麼
樣子？

■ 有沒有什麼障礙或因素讓你無法發揮最佳狀態工作？

步驟 3：深度探討議題。花一些時間更深入這個議題，討論有哪些潛在機
會、轉化觀點和其他可行方案。以下問題可供你參考：

■ 為了實現目標，你還可以做些什麼？有哪些不同的選項？

■ 每個選項的主要優點和缺點是什麼？

■ 如果你手上握有能夠實現夢想的魔法棒，你會怎麼使用它？

■ 假如你在一個理想的組織工作，你扮演的角色會是什麼？

■ 你要如何確保在追求目標時，仍然可以守住自己的原則？

當涉及你想要以教練方式探索的議題時，我發現有兩個概念特別重要，而員
工應該被鼓勵這樣思考：

■ **熱愛它、改變它、放下它。**當面對困境時，選擇放手是可行的。
但在這之前，你應該先嘗試改變現狀，如果結果不如預期、或超
出你能控制的範圍，再做出決定。

■ **不同意但仍全心投入。**與他人有不同觀點是人之常情，即便如
此，你仍要全力以赴、為共同的目標努力。

步驟 4：聚焦於一項行動並詢問是否需要幫助。此時，你的產品經理應該已
經有一些想要探索的教練指導議題，是時候選擇其中一項、專注在行動上並
給予承諾了。這個部分包括了一些基本的引導作法：項目排序、點點投票
（dot vote）並作出選擇。盡可能保持明確，找出他們可以立即著手的具體
事項，並確保你創造出一些驅動他們向前的能量。下列問題可以幫助這個步
驟進行：

- 你會選擇哪一個選項來展開行動？

- 你的第一個行動將在什麼時候開始？

- 你期待得到什麼結果？（例如：可以作為下一步行動的資訊、制定面對挑戰的新策略、或是找到解決整個問題的方案）

- 如果你今天可以做一件事來幫助你達成長期目標，這件事是什麼？

- 關於這個議題，你的目標是什麼？

- 你預計何時會實現它？

- 實現它對你有什麼好處？

- 除了你之外，還有誰會受益？以什麼方式受益？

- 如果你達成目標，那會是個什麼樣的情況？

- 你會看到 / 聽到 / 感受到什麼？

關於「我要怎麼做才能幫上忙」的問題可以這樣提出：

- 我做些什麼對你會更有幫助？什麼事情我要多做一些？什麼少做一些？為什麼？

- 我可以做些什麼來幫助你移除障礙？哪些部分你最需要我的支援？為什麼？

最後，做一些現實核對（reality check）：

- 如果這是你會說「可以」的事情，那麼什麼事情你會說「不行」？

- 這件事可以成為你日常工作的一部分嗎？

然後，確保他們對這些事情做出承諾：

- 對於每一項個別行動，從 1 到 10 分，你對於自己的投入程度會給幾分？

- 如果不是 10 分，有什麼可以讓它達到 10 分？

- 什麼事情是你可以做出承諾的？（「目前沒有，之後會再檢視」也是一個選項）

步驟 5：收尾（Check out）。在（第一次）教練會談結束時，你需要和你的產品經理確認他在下一次會議承擔的責任範圍，並確保會議在積極正面的氣氛中結束。以下是一些可以提出的問題：

- 下次我們對話時，你會負責什麼部分？

- 下次我們對話時，你期望我可以做些什麼？

- 今天的會談中，哪些是對你有幫助的？

在第二次的跟進教練會談中，我們會著重於評估進展。你可以透過提出以下問題來進行評估：

- 在我們上次的一對一會談中，你提出了對 XXX 有所顧慮。你現在如何看待這件事情？

- 到目前為止，哪些事情進展順利？哪些不順利？為什麼？

- 你已經採取了哪些行動？

- 哪些事情在幫助你朝著目標前進？

- 哪些事情可能會阻礙你達成目標？

教練指導範例

讓我們回顧第六章提到的「未來自我」案例。在該例中，產品經理期望從她目前的「實際狀態（As-Is）」轉變至「期望狀態（To-Be）」。她填寫了未來自我模板（見圖 7-4），列出五月到九月這期間她預計採取的行動。

在與產品經理進行後續的教練會談時，一份填寫完成的「未來自我」表格是個絕佳的指導工具。一開始，可以提出像是「你已經開始進行第一項行動了嗎？」這類的問題，如果回答是肯定的，那表示產品經理在正確的軌道上，你大概不需再進行過多詢問。但如果回答是否定的，那麼就需要進一步探討，你可以詢問：「為什麼還沒開始呢？需要什麼樣的改變才能讓你開始行動？」

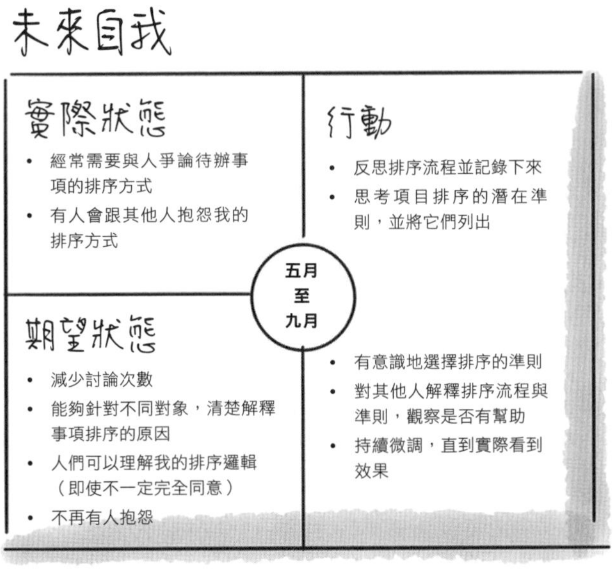

圖 7-4：一份填寫完成的未來自我範例

為了幫助圖 7-4 中的產品經理，你可以在他對排序流程做完反思後提供協助。然而，更好的做法是不要直接幫助他梳理流程，取而代之的是，你可以

引導他進行思考，為了達到最初的目標——也就是減少討論和抱怨——他需要知道哪些事情。

在接下來的一個月持續跟進時，你可以這樣問：「從 1 到 10 的評分中，你對採取下一步行動的承諾度有多高？」如果他的回答不到 10 分，你可以接著問：「要怎樣才能讓你的承諾達到 10 分？」

最終，一旦他達成目標，協助他反思自己取得了哪些成就、以及他是如何做到的。詢問他：「哪些事情進展得很好？你認為為什麼會有這樣的進展？」

如你所見，教練式指導並不困難，關鍵是在適當時機對你的產品經理提出正確的問題。

如果你想深入了解

我希望這一章能喚起你對教練式指導的興趣。除了掌握基礎技巧之外，如果你還想更深入地探索教練領域，以下是一些很有效率的方式。

首先，你可以為你自己找一位教練，這樣做非常有幫助，因為你可以觀察他如何與你合作，並從你們的互動中獲得許多學習。還有個額外的好處是，他也能在你個人的發展議題上提供協助。

自我反思是一項強大的工具，你可以反思自己怎麼做對你的產品經理最有幫助、什麼時候需要後退一步，以及思考可能需要引薦其他人（導師、教練、同儕等）來協助他們的時機。我有三個問題可以幫助你開始這個過程：

- 回想一下你曾進行過最有趣且最引人入勝的對話，記下兩個例子，並說明這些對話如何對你的職涯產生影響，試著在與產品經理的對話中分享它們。

- 回想一下對你的職涯帶來重大變化的經驗，記下其中的兩段經歷，並說明這些經歷為何會產生影響，試著在與產品經理的對話中分享它們。

■ 你最欽佩的人是誰？為什麼？你能從這個人身上學到什麼？

有個常見的情況是，某些 HoPs 很難做到預設每位員工都是抱持善意的。團隊中總會有幾個比較不討喜的人，但你可以抗拒這種偏見，假設每個人都有好的初衷，並經常提醒自己這個道理：問題不一定在於人，而可能在於我們讓他扮演的角色所導致。

持續嘗試不同面向的教練手法：環境與流程設計（例如較為非正式與比較正式的設計）、教練會談的頻率、不同的提問方式、跟進方法、不同的教練框架等等。花時間反思哪些方式最有效並多使用這些方式。

你也可以深入了解教練的藝術和科學，閱讀有關成長模式（GROW model）的資訊（有個更好的方法是，聽聽 Christina Wodtke 的 Podcast，了解她如何實際運用這個模式）[46]，學習心理學、自我發展（ego development）、神經語言程式學（NLP）、偏見、培養新習慣等相關主題。請查看本章的延伸閱讀，以獲取相關書籍和其他教練資源的建議。

教練式指導是你在員工發展方面最重要的工具，學習起來並不困難，也不需要取得認證。身為 HoP 的你，可以對產品經理進行教練指導，這一切都是關於**與你的員工持續進行高品質的一對一對話，以幫助他們發揮最大潛能。**不需要什麼神奇的魔法或咒語，你只要全心投入這些高品質的對話，付諸努力，並展現你對團隊中每一個人的關懷。你可以透過提升傾聽技能、並在適當的時機問出正確的問題來做到這一點。如果你能抑制提出建議的衝動，學會保持耐心，同時持續與產品經理進行有意義的對話，你將會對他們的成長潛力之大感到非常驚奇。

若我現在要建議你一件最重要的事，那就是開始為團隊中每位產品經理建立一個願景，並思考邁向願景之旅程的第一步是什麼。在心中擁有這個畫面，將會立即改變你看待他們的方式。例如，有個產品經理缺乏時間管理的能力，而你能夠想像到四個月後她在這個部分變得出色的樣子，因為你想幫

---

46 https://www.mindtheproduct.com/
leading-teams-to-success-christina-wodtke-on-the-product-experience/

助她成功並支持她達到這個目標，改變的過程就立即開始了！你會問對的問題，並將她指派到最適合的「下一個更大的挑戰」。

到頭來，這就是一位優秀教練所做的事情。

延伸閱讀

- 來自世界各地的人們分享他們最喜愛的教練問題
  https://www.strongproductpeople.com/
  further-readings#chapter-7_1

- Brandon Chu 談論管理與培養產品經理
  https://www.strongproductpeople.com/
  further-readings#chapter-7_2

- 成長模式（一種教練框架）
  https://www.strongproductpeople.com/
  further-readings#chapter-7_3

- 成為更好的聆聽者
  https://www.strongproductpeople.com/
  further-readings#chapter-7_4

- 領導者作為教練
  https://www.strongproductpeople.com/
  further-readings#chapter-7_5

- 關於一對一會談：

  - Marty Cagan 談論一對一會談
    https://www.strongproductpeople.com/
    further-readings#chapter-7_6

- Ben Horowitz https://www.strongproductpeople.com/ further-readings#chapter-7_7

- Marc Abraham 談論一對一會談 https://www. strongproductpeople.com/further-readings#chapter-7_8

- 書籍：

  - *The Coaching Habit* by Michael Bungay Stanier，繁體中文版《你是來帶人，不是幫部屬做事》，高寶

  - *Help Them Grow or Watch Them Go* by Beverly Kaye and Julie Winkle Giulioni，無繁體中文版

  - *Trillion Dollar Coach* by Eric Schmidt, Jonathan Rosenberg, and Alan Eagle，繁體中文版《教練》，天下雜誌

  - *Empowered* by Marty Cagan，繁體中文版《矽谷最夯・產品專案領導力全書》，商業周刊

  - *Tiny Habits* by BJ Fogg，繁體中文版《設計你的小習慣》，天下雜誌

  - *The Team That Managed Itself* by Christina Wodtke，無繁體中文版

  - *Banish Your Inner Critic* by Denise Jacobs，無繁體中文版

CHAPTER 8
追蹤績效與提供回饋

- 建立健康的績效文化

- 如何應對績效不佳

- 給予和接受回饋

員工的優良表現是組織及產品成功的關鍵,而回饋是影響員工表現最重要的正向因素之一。正如管理學教授 Christine Porath 在《哈佛商業評論》中所指出:「高績效團隊彼此分享的正向回饋,幾乎是一般團隊的六倍。」[47]

即便如此,在許多公司中談論績效仍是一件困難的事情,總是有兩種極端情況。對某些公司而言,績效是最重要的事情,不持續付出 110% 努力的員工會被懷疑或嘲笑,於是讓每個人都累得跟狗一樣。而在另外一些公司裡,卻是很少或從不對員工的表現進行量化的衡量與評估。他們會說「我們是一家人,享受著在此相聚的時光,有時會做些工作」,績效概念和這些公司的「家庭式」文化不相符。

---

47 Christine Porath (October 16, 2016). Give Your Team More-Effective Positive Feedback.
    來源:https://hbr.org/2016/10/give-your-team-more-effective-positive-feedback

在現實世界裡，這兩種極端都會導致令人心生不滿的工作環境，最終也會讓員工因此失去動力。在第一種情況下，員工被逼得身心俱疲，績效也隨之下降，這些精疲力盡的員工不是表現不佳就是乾脆選擇離開。至於第二種情況，因為欠缺能力的提升，也沒有自主性和目標，員工的工作動力也因此受損 [48]，他們將會迷失方向，不知該專注於什麼事情，只是隨波逐流地度過每一天。

當然，第一種類型的公司可能會有一段好時光，但這種成功是短暫的。這些公司建造的產品通常缺乏靈魂，因為沒有人有空關注使用者需求，並站在使用者的角度找出創新解決方案。高壓環境和員工流動率高，將導致產品質量低落，營收也隨之停滯或下滑。另一方面，第二種公司從一開始就無法取得成功，在一個不重視績效的組織中，不會交付出重大成果，有抱負的優秀員工很快就會開始尋找並跳槽到更具挑戰性（也更令人滿意）的組織。

要怎麼解決這些問題呢？組織裡必須建立健康的績效文化。

建立健康的績效文化

建立健康的績效文化意味著在績效層面找到一個正向的平衡，如圖 8-1 所示，你要用正確的方式建立系統，在避免過勞和精力透支的同時，對員工要求良好的績效並獲得共同認可。最終，重點是在於改善系統，而不是修理員工。

---

48 Daniel Pink, *Drive: The Surprising Truth About What Motivates Us*, Riverhead Books (2009). 繁體中文版《動機，單純的力量》，大塊文化。

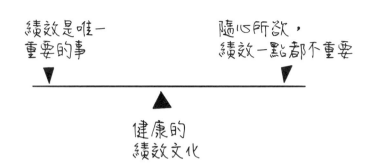

圖 8-1：一個平衡、健康的績效文化

我發現，向每個人清楚說明公司的宗旨往往會有幫助。一家公司是由一群對共同目標做出承諾、並能保持方向一致的人們所組成，而共同的目標就是要妥善地解決顧客的問題，使顧客樂意以相對的金錢作為回報，如此一來員工就能靠著這份工作養家活口，公司也能對於未來進行投資。

公司並不是一個家庭。的確，我們彼此友好，可能會在下班後一起吃個飯或喝一杯，CEO 有時可能會像是個為員工感到驕傲的家長，但家庭通常沒有共同的目標——至少不是基於獲利角度上的。缺少共同的目標，公司就無法運作，而這些目標在大多情況下最終會帶來經濟效益。公司是基於共同創造價值而存在，每個領取薪水的員工都必須為此做出實質貢獻。

如果你的績效文化失衡，我建議先從修正系統開始，接著與員工合作提升他們的績效表現。一個健康的績效文化通常具備以下特徵：

- 創造價值是共同目標，對於營收成長這類指標的預期應該要是合理、不會太過瘋狂的（例如，不受貪婪的利害關係人所驅動）。每個人都明白公司的目標及背後原因。

- 績效責任必須盡可能平均分配到數量合理的人身上。

- 角色定位必須清晰定義、溝通和被所有人理解。

- 對於每位員工個人貢獻的預期必須清楚傳達。

- 管理者（和公司本身）應支持員工以達成期望目標。

- 對於未能達到期望目標的員工，必須給予支援以幫助其改善。有句格言是這麼說的：「如果你不知道『更好』是什麼樣子，那是很難改善的。」，因此，管理者自己需要對「更好」有清晰的畫面，並且在員工的成長之旅中，作為導遊提供支持和指導。

圖 8-2：如果你不知道「更好」是什麼樣子，那是很難改善的 [49]

49　基於 Joshua Howard 的漫畫：
　　https://www.slideshare.net/MrJoshuaHoward/career-development-in-a-boxgdc-2011

這讓我們回到了你所定義的「好」的概念上。[50] 產品部門最高主管需要對一位稱職產品經理應具備的樣貌有清晰的定義，並且與團隊分享這個定義——這樣才能與團隊和產品經理共同努力以進行改善。[51]

還有一個對於健康績效文化相當重要的面向，那就是回饋——無論是給予還是接受回饋。只有在回饋是雙向且在各個層面上都可行（向上對管理層、橫向對同事和利害關係人、向內對團隊）的情況下，公司中的每個人才能共同學習、成長和提升。我們將在本章稍後更進一步討論回饋。

如何應對績效不佳

如果員工的績效未達到標準，你必須立即採取行動。此外，有些員工可能因各種原因與公司的文化、價值觀和目標不一致，這也是需要處理的問題。容忍表現不佳或目標不一致的情況持續存在，絕對會讓你的高效員工失去動力（也間接鼓勵他們跳槽到其他組織），並且生產出無法解決顧客問題的平庸產品。

你已將心血和精力投入到團隊的每一位員工身上，幫助他們發展職涯，共享他們的困境、懊悔、成功和失敗。有時候，員工也是我們的朋友，這讓進行績效相關的艱難對話變得更加困難。不幸的是，許多領導者傾向於忽視低效能問題，希望它會自行消失。

但還有其他可以做的事情，這些事情介於忽視和最終解雇某人之間：其實你是可以嘗試幫助他們的。例如幫助他們在其他團隊找到更適合發揮他們優勢的新職位，或是協助他們理解需要改進的方面。我個人認為，無論是基於什麼理由，你都應該嘗試幫助他們，其中不乏財務面的考量。事實上，替換一位員工的成本——包括尋找替代人選、面試應徵者、新員工的入職培訓，以

50　根據第 4 章〈你所定義的「好」產品經理〉提及的事項。
51　請參考第 7 章〈教練的力量〉以了解如何做到這一點。

及在新員工達到平均產出水準期間的生產力損失——估計可能超過 65,000 美元。[52]

更不用說，比起不斷替換員工，保持你的員工在工作中的動力和滿意度更有意義，包括投入大量時間為員工提供回饋和教練指導，把預算投資在培訓以提升他們的技能，並進一步幫助他們發展職涯。

請記住：對工作建立高標準從你為其他人樹立的榜樣開始。如果你為團隊與自己設定的期望之間有所差異，都將被人盡收眼底並被視為是種虛偽的表現。

就算所有這些方法都無法提高員工績效，至少你會有充分的理由和案例，與 HR 部門或你的上司進行分享和討論解決方法。如果你已經有定期提供回饋給員工（這是你應該做的），那麼與他們討論你對於績效的擔憂將不會造成太大的意外反應。持續回饋是個關鍵，這恰好是我們接下來要探討的主題。

回饋：冠軍選手的成功關鍵

我們都需要持續不斷的回饋——直接而真實的那種——才能發揮出最佳的表現，因此，有人將回饋稱為「冠軍選手的成功關鍵」（the breakfast of champions）。但要如何建立良好的回饋文化呢？有哪些不同類型的回饋？你該如何給予和接受可能被認為是負面的回饋呢？

---

52 Jason Evanish (May 5, 2015). The Hidden Costs of Replacing an Employee that Total Over $65,500. 來源：https://www.linkedin.com/pulse/ hidden-costs-replacing-employee-total-over-65500-jason-evanish/

再次強調，持續不斷的回饋是關鍵——它確實會對你的員工表現產生影響。然而，如果人們沒有安全感，就不可能有良好的回饋文化。你需要創造一個擁有信任感的環境，讓人們能夠安心地展現脆弱、承認和接受錯誤並說出「我很抱歉」，這一切都需要有心理安全感（psychological safety）。[53]

如果在給予可能被視為負面的回饋時感到困難，你可以把焦點放在你的員工真正需要的是什麼——你要關注的不僅是他們當前的角色責任，還包括他們未來的職涯發展。即使你認為提供的回饋可能會嚇到人，但把格局放大來看，這也有助於幫助他們，因為若你不這樣做，他們就無法得到能夠幫助自己變得更好的資訊。若想要建立給予績效回饋的正確心態，請務必閱讀 Kim Scott 的著作《徹底坦率》，正如她所指出的，你必須真誠地關心並直接提出挑戰。

無論是讚美或批評，確保在事件發生之後盡快地給予回饋。請別吝於讚美——當你的員工做對了事情時，給予他們讚賞。但要避免提供所謂的「讚美三明治」（compliment sandwich），也就是首先讚美員工，然後給予一些批評（這才是你真正想要回饋的內容），最後再以讚美員工結束對話，這種方式通常會被接收者視為是種虛偽。

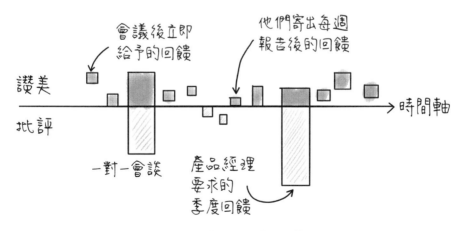

圖 8-3：持續地給予讚美與批評

53　想要學習關於心理安全感的更多資訊，請參考本章最後的「延伸閱讀」。

當你給予回饋時，Facebook 前產品設計副總裁 Julie Zhuo 建議，這些回饋通常可以分為兩大類，與「任務」相關的回饋，以及與「行為」相關的回饋。[54]

以下是一些任務相關回饋範例：

- 「我喜歡你在上次發送的 email 中，加入工作管理摘要，那有助我快速理解重點，讓我省了許多時間！」

- 「你昨天發給我們的報告中有一些錯誤，造成的問題是，如果人們根據這份報告做出決策，那些決策很可能會是錯誤的。從長遠來看，這將對公司造成損害。我想這是因為你在截止時間前一小時才開始整理報告，對嗎？你認為之後可以怎樣做，以避免這種情況再度發生？」

以下是一個與行為相關的回饋例子：

- 「昨天早上的團隊會議簡報時，你對其中兩張投影片的內容有些不確定並來回切換，我注意到與會者從那時起開始質疑你所說的一切。因為許多高階主管都參加了會議，我擔心這可能會對你的評價產生負面影響。我很樂意提供協助。你認為下次簡報時，幫助你避免這種情況發生的最佳方式是什麼？」

54　Julie Zhuo, *The Making of a Manager: What to Do When Everyone Looks to You,* Portfolio (2019). 繁體中文版《當上主管後，難道只能默默崩潰？：Facebook 產品設計副總打造和諧團隊的領導之路》，時報出版。

建立回饋文化的五個步驟

如果你的回饋文化需要改善（在許多公司都是如此），有一些能產生幫助的事情你可以即刻開始。以下是在組織中建立強健回饋文化的五個步驟：

步驟 1：尋求回饋並學習如何接受回饋。作為 HoP，你的產品經理會以你為榜樣來決定他們的行為方式。因此，如果你希望你的產品經理能夠持續尋求和接受回饋——並對他們的團隊成員做相同的事——那麼你就要用正確的方式示範如何尋求回饋，並學習如何接受它。

首先，找到你要提問的題目，它會觸發你想要做得更好所需的坦率回饋。問題必須是真誠的，並且是你可以在每次一對一會談中提問的。我喜歡問：「我可以做些什麼或停止做些什麼，好讓你和我一起工作更自在？」

接著，你需要學會如何接受回饋，包括負面的回饋也是。擁抱不適感——保持冷靜，對抗本能的偏執或防衛，試著在提出回應之前，在心中默數一到六。聆聽是為了理解，而不只是為了做出回應。在你的產品經理坦率提出想法時給予鼓勵。

以下是一些如何接受回饋的具體建議：

- **聆聽**。保持開放的心態，每個人都會犯錯，我們都有改進的空間，抵抗辯解或找藉口的誘惑。

- **考慮資訊來源**。提供回饋的人是否有權威、知識或專業來給予你這個回饋？他或她有沒有其他動機？（但要小心，不要為了讓自己感覺好一些而捏造動機。）

- **尋求具體例子**。不要接受像是「低劣」、「令人失望」或「糟糕」這類籠統的評語，禮貌地請求對方告訴你究竟哪裡出了問題，像是「具體來說簡報有問題的部分是什麼？」或是提出類似這樣的要求：「可以幫助我理解，你所說的『低劣』是什麼意思嗎？」這應該會幫你獲得一些有用的回饋。

- **對批評給予回應。** 如果回饋是有效的，保持優雅且懷著積極的態度接受它，並感謝給予回饋的人，告訴對方你感激他或她的評論，並熱情地展現你願意且有能力藉由這些建議來改善你的表現。

- **保留有用的資訊，但拋開負面情緒。** 不要沉溺於被批評的尷尬之中，抬頭挺胸，繼續前進。

請記得：永遠預設人們給予回饋是為了幫助你，而不是傷害你。正如百事公司（PepsiCo）前董事長兼執行長 Indra Nooyi 所建議的：「不管別人說了什麼或做了什麼，假設他們都是出於好意，你會驚訝地發現自己對人或問題的整體態度變得非常不同。」

步驟 2：養成習慣：收集與準備。 建立回饋文化需要你和你的團隊把它變成一種習慣，就像是一件你們持續在做的事情。在養成習慣的過程中，你需要專注於兩個領域：收集回饋和準備提供回饋。

在收集回饋時，找到讓它成為習慣的觸發點，例如「每當我加入一場裡面有一位或多位產品經理的會議，我會拿出紙筆來為他們收集一些回饋。」此外，你可以追蹤收集回饋時所付出的努力來強化這個習慣——在筆記本上記錄就足夠了。你還需要規劃若自己收集回饋的習慣開始減弱時，該如何回到正軌，像是「當這種情況發生時，我將……」

準備正面回饋相對容易：只需記下你想要讚揚的任務或行為，以及它對團隊、組織或顧客產生的正面貢獻即可。然而，準備負面回饋則需要更多力氣。以下是在準備提供負面回饋時，你應該做的一些事情：

- 檢查是否已清楚設定期望——如果沒有，首先要改變這點！

- 列出不順利的地方。

- 專注於模式——重複出現的問題是你和你的產品經理需要關注的重點，解決這些問題將會在最短的時間內帶來最大的整體改善。

- 將回饋與已知事物關聯：例如角色描述（role description）、PMwheel 之類的，如此一來回饋比較不會被視為針對個人的批評。

- 計劃在下次一對一會談中討論

    ○ 思考一下回饋可能會如何被誤解。正如 Kim Scott 所說：「從對方會如何接收訊息的角度考量。」[55] 切記要考慮文化和個人差異。

    ○ 我喜歡使用情境 - 行為 - 影響（Situation-Behavior-Impact，SBI）回饋工具，該工具由創意領導中心（Center for Creative Leadership）開發，用來幫助管理者提供清晰、具體的回饋[56]。它要求你描述你想要談論的確切情境、對方在該情境中的行為，以及這可能對他們、團隊或公司帶來的負面 / 正面影響。

    ○ 不要將其變成個人問題——使用「這個」（這個需要使用不同的方式。）而非「你」（你把事情搞砸了！）。

---

55 Kim Scott, *Radical Candor: Be a Kick-Ass Boss Without Losing Your Humanity*, St. Martin's Publishing Group (2017). 繁體中文版《徹底坦率：一種有溫度而真誠的領導》，天下文化。

56 https://www.mindtools.com/pages/article/situation-behavior-impact-feedback.htm

步驟 3：詢問他們是否需要回饋。你的產品經理有沒有請你提供回饋？若是有，那就給予回饋！如果沒有呢？那麼問他們是否想要你的回饋。你可能需要提出一些具體問題，來引發有關工作表現的回饋：

- 「你希望在工作上獲得更多還是更少回饋？為什麼？」

- 「你希望從我這裡獲得更多還是更少的指導？為什麼？」

- 「在工作中，你希望在哪方面獲得更多的協助或教練指導？」

- 「最近有沒有發生什麼狀況是你希望能以不同方式處理的？如果可以改變，你會怎麼做？」

步驟 4：開始提供回饋（包括讚揚和批評）。從給予讚揚開始你的新回饋習慣，除了因為給予讚揚比較容易，正面回饋還會鼓勵人們在改變負面行為的同時，也能保持正面行為。記住：你獎勵什麼就會得到什麼！給予讚揚之後，再慢慢開始提供批評意見。如圖 8-4 所示，重要的是要在適當的場合、以適當的態度，清楚地講出正確的內容，並且及時提供回饋。

但請不要成為掃興的那個人。舉例來說，如果團隊正在慶祝一個重大產品上線，那不是提供負面回饋、談論他們如何能做得更好的最佳時機。請把這類回饋留到一對一的改進討論中。

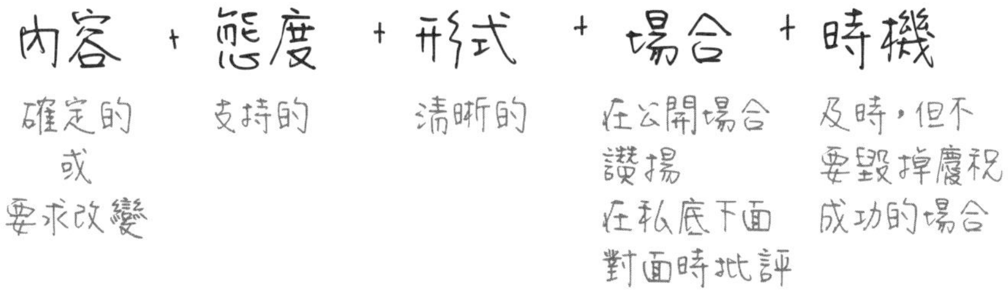

內容 + 態度 + 形式 + 場合 + 時機

確定的 　　支持的 　　清晰的 　　在公開場合 　及時，但不
或 　　　　　　　　　　　　　　　讚揚 　　　　要毀掉慶祝
要求改變 　　　　　　　　　　　在私底下面 　成功的場合
　　　　　　　　　　　　　　　對面時批評

圖 8-4：內容、態度、形式、場合與時機

以下是逐步給予產品經理回饋的方法：

1. **先了解情境脈絡**。某人的表現不佳可能是由於家庭或工作發生狀況、壓力過大、不喜歡他們正在做的事、目標和興趣發生變化、精力透支或其他許多原因。在提供回饋之前，你得要先找出導致表現不佳的根源。

2. **有話直說**。你已經做好準備，所以絕對沒有理由再拐彎抹角。不要留有假設的空間——清楚地說明你的目的，例如，可以直接了當地問「我認為原因是 X，對嗎？」。引用產品經理的職責描述、你對「好」的定義或是 PMwheel。

3. **轉換至教練式指導**。談論問題本身是不夠的，你要明確表明今後需要有什麼不同，讓你的產品經理明白為什麼他的工作表現低於標準。使用具體案例並說明造成的問題會如何影響他人，藉此描繪出更生動的畫面，來幫助他清楚理解你想要教導的內容，並告知關於這個回饋主題，成功的樣子是什麼。（對於資淺員工，可能需要這樣說：「這是從我的觀點所看到的問題——這是改善它的建議，你對此有何看法？」）

4. **提供協助**。你需要支持因為各種理由而快被壓力擊垮的員工。

5. **決定下一步行動**。請你的產品經理使用 email 確認你們作出的協議。（讓他們用自己的話來說，藉此觀察你的回饋是否與他們產生共鳴。）

6. **跟進**。你提供的回饋是否帶來了你希望看到的改變？（如果沒有，先問問自己：我是否頻繁地給予回饋？我是否頻繁地強調正面表現？）

記住《徹底坦率》作者 Kim Scott 的話：「不要把焦點放在你所擔心的事物上，專注在他們所需的是什麼。」

步驟 5：確保你不是唯一的回饋來源。如果你的產品經理也能從其他人那裡聽到相同的回饋，他們將會更認真看待你的意見。所以，不要讓自己成為唯一的回饋來源，鼓勵同儕間的回饋，並確保每個人都知道如何給予和接受回饋。

最終，作為產品部門最高主管，建立一個重視並持續給予回饋的組織文化是你的責任。你需要以身作則，並提供員工所需的資源和協助，即使在沒有你不斷催促和干預的情況下，他們也能夠自行展現這些行為。給予回饋應該像呼吸新鮮空氣一樣簡單和振奮人心。

延伸閱讀

- 情境 - 行為 - 影響（Situation-Behavior-Impact，SBI）回饋工具 https://www.strongproductpeople.com/further-readings#chapter-8_1

- Joshua Howard 寫了很多關於對工程角色之期望的文章，他的部落格 There Is No Them 包含了許多確保員工了解期望的技巧 https://www.strongproductpeople.com/further-readings#chapter-8_2

■ 如果你需要對員工進行紀律處分或解僱，這篇文章提供
  了許多替代方法 https://www.strongproductpeople.com/
  further-readings#chapter-8_3

■ Jeff Gothelf 撰寫了這篇關於心理安全感的優秀文章「沒有心理
  安全感，就沒有學習與敏捷」 https://www.strongproductpeople.
  com/further-readings#chapter-8_4

■ Laura Delizonna 的這篇文章提供了如何建立心理安全感的好建
  議：高績效團隊需要心理安全感，這是如何創造它的方法 https://
  www.strongproductpeople.com/further-readings#chapter-8_5

■ 書籍：

  ○ *Radical Candor* by Kim Scott，繁體中文版，《徹底坦率：
    一種有溫度而真誠的領導》，天下文化（或觀看她的影片：
    https://youtu.be/f-Tcr0T9Tyw）

  ○ *The Making of a Manager* by Julie Zhuo，繁體中文版《當
    上主管後，難道只能默默崩潰？：Facebook 產品設計副總
    打造和諧團隊的領導之路》，時報出版

  ○ *The Team That Managed Itself* by Christina Wodtke，無繁
    體中文版

CHAPTER 9

激勵的做法和誤區

- X 理論與 Y 理論

- 消磨員工動力的 14 種原因（以及如何避免）

- 如何讓你的員工保持動力

在管理的藝術與科學中，動力（motivation）這個主題一直是個巨大的謎團。動力從何而來？作為產品部門最高主管，我們是否要用一些方法來增強產品經理的動力？或者動力其實一直存在著，只是在等待適當的時機湧現？

根據我自己的經驗，毫無疑問是後者。

首先來定義一下，**員工動力**被定義為公司員工投入工作的能量、承諾和創造力。作為 HoP，在你的職業生涯中，一定遇到過高度積極主動的人，也遇到過極度消極怠惰的人。那麼，積極主動和消極怠惰的員工之間的根本區別是什麼呢？讓我們一起來探索這個問題。

管理中最普遍的迷思之一是，作為一名主管，你的工作是激勵你的員工，通常是透過提供獎勵和給予認可等方式。或者——我認為更有幫助的是——確保員工投入和充分賦能。我個人相信，你不需要激勵員工——他們每天出現

在辦公室工作已經是帶著動力的，而且他們會加入你的團隊或組織也是有原因的。

作為一名主管，你需要做的是避免讓你的員工失去動力。不幸的是，許多主管和組織每天都在做出消磨員工動力的事情，像是主管的一些作為（或沒有作為），或是組織裡設計不當和執行不力的規則和流程。因此，正如管理大師 Peter Drucker 曾經警告過的「絕對不要把忠誠的人逼迫到他們不再在乎的地步」[57]。

X 理論與 Y 理論

毫無意外的是，主管們對於員工動力和消磨動力的因素有許多不同的看法，這些看法很大程度受到主管對員工的基本假設所影響，而這些假設也大致決定了他們對待員工的方式。

在 1960 年代，管理學教授 Douglas McGregor 發展出 X 理論和 Y 理論，用來解釋主管對於員工動力的信念如何影響他們的管理風格。[58]

根據 X 理論，人們不喜歡工作、缺乏野心、不願承擔責任。持有這些假設的主管傾向於使用嚴格的「紅蘿蔔與棒子」（carrot-and-stick）方法來激勵員工，獎勵優秀表現並懲罰表現不佳的行為。

另一方面，Y 理論認為人們出於本能地自我激勵，並享受工作帶來的挑戰。持有這些假設的主管與員工有更多合作關係，並透過允許自主工作來進行激勵──主管給予員工責任，並賦能員工做出決策。

57　https://wist.info/drucker-peter-f/39723/

58　https://www.mindtools.com/pages/article/newLDR_74.htm

你個人傾向於相信哪一種理論？對於員工的假設如何影響你的管理方式？你的團隊成員偏向哪一種？而你又是如何評價自己，你是屬於 X 理論還是 Y 理論的人？

我在培訓和教練指導的最後經常提出以上這些問題，HoPs 通常會告訴我，他們的團隊屬於 X 理論和 Y 理論的比例是 50:50。如果我問他們對於自己的看法，99% 以上都回答他們是符合 Y 理論的人。稍微思考一下這個問題，如果每個人都認為自己是 Y 理論的人，那麼他們的組織中怎麼會有 50:50 的 X 和 Y 比例？可見這是主管的觀點，而不是人們在工作中的真實狀態！

如果你發現自己在微觀管理（micromanaging）產品經理的工作，並且不確定是否信任他們能夠完成任務，那麼你可能傾向於 X 理論。如果你相信你的員工喜歡他們的工作，信任他們能夠完成任務——而且他們也確實做到了——那麼你可能傾向於 Y 理論。我知道改變心態並不容易，但是，如果你相信的是 X 理論，我強烈建議你花點時間思考一下，如果改變觀點，你可能會獲得什麼好處。

消磨員工動力的 14 種原因

雖然讓員工失去動力的主管行徑可能有無數種，但我發現，在產品組織中，有 14 種原因尤其常見。你認為你的員工會如何評價你在以下各項的表現？

1. 主管 / 公司採用老派的管理方式（例如，進行微觀管理）。

2. 主管 / 公司未能認可員工 / 團隊的成就。

3. 主管 / 公司容忍績效不佳或破壞職場氣氛的有害行為。

4. 主管 / 公司不鼓勵個人發展，或不提供成長機會。

5. 主管不遵守自己的承諾。

6. 主管對許多事物不關心／缺乏興趣，或很難找到人。

7. 缺乏清晰的方向或溝通。

8. 管理機制混亂（混亂和快速變化的環境不同，後者若能管理得當是可接受的）。

9. 以相同方式對待每一個人（與公平是不一樣的──人們想要的不是相同的薪資，他們要的是公平的報酬）。

10. 薪水過低，無法維生。[59]

11. 雇用與晉升錯誤的人。

12. 超乎常理的工作量。

13. 工作總是令人厭倦。

14. 職位沒有保障。

我推薦你做個練習：從上面的列表中，選擇兩項你認為自己最可能犯下的疏失，並寫下從明天開始你為了改善這些疏失將要採取的五項行動。保持這份清單的可見性，不要讓它被其他待辦事項埋沒，將其放入行事曆中，確保你時常會被提醒。

關於自我意識

檢視了你和組織在激發動力中扮演的角色之後，現在讓我們專注在個別產品經理上。有個問題毫無疑問是動力的來源──也是人們常問我的──就是：「對我有什麼好處？」如果所有的激勵最終都是關於自我內在動機，對於團隊中的每一個人來說，優先考慮這個問題是相當合理的。

59　參考本章最後的「延伸閱讀」中，PayPal 執行長 Dan Schulman 和他的公司如何消除薪資差距的文章。

最終，「對我有什麼好處？」這個問題的答案取決於一個人自我發展的階段，這個階段有個明確的進程。美國心理學家 Jane Loevinger 提出一個廣泛被接受的九階段自我意識發展模型。根據 Loevinger 的模型，在成熟的過程中，我們會依次經歷每個階段。問題往往發生於人們停留在較早期、以自我為中心的自我意識發展階段，並且無法進一步發展。

以下是 Loevinger 九階段自我意識發展的快速總結：

1. 前社會階段（Pre-social）：嬰兒期，基本上沒有自我意識。

2. 衝動階段（Impulsive）：情緒驅動——如果世界滿足了他的需求就是「好的」，不滿足就是「壞的」。

3. 自我保護階段（Self-protective）：從獎懲角度看世界，但試圖「不被抓到」。

4. 從眾階段（Conformist）：開始意識到社會的存在，並產生對某個群體的歸屬感需求。

5. 自我覺察階段（Self-aware）：學會自我批評，並能為生活中發生的事件設想多種可能性（根據 Loevinger，這是大多數成年人行為的典型）。

6. 有責任感階段（Conscientious）：已經內化了社會規則，但理解有例外和特殊情況。

7. 個體化階段（Individualistic）：尊重自己的個性，同時對他人的個體差異持寬容態度。

8. 自主階段（Autonomous）：自我實現的重要性提升。

9. 整合階段（Integrated）：一個完全成形與成熟的自我，支持自身和他人的自主性。[60]

60　Thomas Armstrong (January 31, 2020). The Stages of Ego Development According to Jane Loevinger. 來源：https://www.institute4learning.com/2020/01/31/the-stages-of-ego-development-according-to-jane-loevinger/

在我們所談論的產品組織脈絡中，人們會追求某些特定事物，當缺乏這些事物時，員工很可能會感到不快樂、缺乏動力，並可能會尋求一個能提供它們的新組織。這些事物包括：

- 生活品質的提升

- 掌握新技能、學習與成長

- 自主性 / 賦能

- 創意和創新能力

- 有意義的目標

而他們認為哪些事物最重要，取決於所處的自我發展階段。處於從眾階段的人，願意做任何事來獲得團隊的接納，如果團隊氣氛不佳，他會感到相當痛苦。處於個體化階段的人，比較不會和團隊中發生的事情緊密連結，她的動力不受這些「基本事物」的影響，但大幅削減人力發展預算對她的影響可能較深，因為這會打亂她學習新事物的計畫。

作為 HoP，你的職責是搞清楚哪些事物對你的產品經理最重要——記得每個人想要的事物不同——然後確保你不會是他們實現目標的障礙[61]。你要做的是把路障清開，並全力支持他們將動力推向新高！

61　The Moving Motivators card deck 可以幫助你與產品經理討論動力因子：
　　https://management30.com/shop/moving-motivators-cards/

支持員工的方法

你可以立即採取一些行動來支持您的員工，並確保他們不會失去對工作的幹勁。首先，本書中有一些我們深入探討的具體事項：

- 真誠地關心你的員工！了解他們的個人生活目標是什麼？（第 7 章〈教練的力量〉）

- 為個人和專業的進步創造空間（貫穿全書）

- 不要容忍績效不佳（第 8 章〈追蹤績效與提供回饋〉）

- 培養人員的自主性與增強他們做出決定的能力（第 10 章〈建立個人和團隊的一致目標〉）

- 以身作則（第 1 章〈你扮演的角色〉 + 第 5 章〈成為優秀的主管〉）

- 提供方向（第 15 章〈協助產品經理建立產品願景和設定目標〉）

- 確保組織內部溝通良好（第 20 章〈直接與開放式的溝通〉）

在更全面性的層次上，確保員工保持動力的最有效方法，是為團隊中有動力的人創造一個合適的環境，表彰良好的表現，並專注於心理安全感——人們對失業的恐懼比你想像的更普遍！如果你堅信「我知道是什麼激勵了我，所以我也知道什麼可以激勵其他人」，你可能是錯的。動力是非常個人化的事情，激勵某個人的事物可能無法激勵其他人。

向團隊成員展示他們的工作如何幫助組織成功（例如分享客戶說了些什麼），並適時挑戰團隊，讓他們感受到在專業上需要成長，但請小心不要讓他們長時間工作過度。快速變化和混亂之間有個界線——確保你運用足夠的架構和流程，使組織不會越線而陷入混亂。

支付員工合理的薪資很重要——了解員工在他們的居住地需要多少錢才能維持生活，這是你至少需支付的最低薪資！同時，不要容忍因性別或其他因素的薪資不平等，例如，如果女性在相同的工作內容和績效表現下，薪資卻低於男性，那麼你就是造就問題的一部分。如果你和我一樣相信 Y 理論，那麼就捨棄你的獎金制度和個人激勵措施。（股票所有權則有所不同——這會讓員工擁有公司的一部分，並給予他們參與組織成功的機會。）

建立你自己的員工績效衡量框架（例如 PMwheel），讓它公開透明，對所有人使用，並根據結果採取行動。最後，千萬不要打破組織既有的規則，如果一年有兩次晉升時間——例如三月和九月——那麼就不要因為某種原因，在七月就晉升你的超級明星級工程師，因為這對員工動力的傷害將會大於好處。

延伸閱讀

- PayPal 執行長 Dan Schulman 談論公司如何解決薪資差距
  https://www.strongproductpeople.com/
  further-readings#chapter-9_1

- 如何確保你的員工不僅在求生存，還能夠茁壯成長
  https://www.strongproductpeople.com/
  further-readings#chapter-9_2

- 書籍：

  - *Illuminate* by Nancy Duarte and Patti Sanchez，無繁體中文版——這本書透過演講、典禮儀式、故事和符號來啟迪關於管理和激勵人們的方法
    https://www.duarte.com/illuminate/

CHAPTER 10
建立個人和團隊的一致目標

- 目標一致所需的兩種清晰度

- 建立一致目標的流程：啟動討論和尋求透明度

- 如果無法讓目標一致怎麼辦？

現今的工作需要大量溝通和協作，因為我們屬於團隊的一部分。如果一起工作時人們沒有相同目標，事情往往會出錯。當談到目標一致性時，我指的是一起工作的人們——他們都在朝著相同方向前進，以實現共同目標。

當團隊沒有一致目標時，你會發現成果不如所願，資源——包括時間、金錢、腦力等——被浪費在錯誤的事情上，員工也會因此感到沮喪。方向不一致導致組織中的衝突，並造成各方面的效率低落。以圖 10-1 為例（基於 Henrik Kniberg 的畫作），兩個團隊追求的共同目標是從河的一邊到另一邊，但他們完成這個目標的方法卻不一致——這導致了意外和挫折感。[62]

---

62 Henrik Kniberg (June 8, 2016). Spotify Rhythm—how we get aligned (slides from my talk at Agile Sverige). 來源：https://blog.crisp.se/2016/06/08/henrikkniberg/spotify-rhythm 和 https://blog.crisp.se/wp-content/uploads/2016/06/Spotify-Rhythm-Agila-Sverige.pdf

圖 10-1：任務是「如何跨越河流」——目標沒有一致導致的悲劇

在我們深入探討如何在組織中讓目標一致之前，為了確保你的團隊成員達成目標一致性，有三件關鍵事項是你可以做的：

- 提供**清晰的意圖**——行動背後的想法是什麼。

- 為需要一致目標的棘手問題進行**討論**，並讓這個討論儘早發生。

- 讓建立一致性的過程**透明化**，每個人都能有共同的理解。[63]

使意圖變得清晰

讓我們深入探討這三件關鍵事項中的第一項：意圖清晰度。我的朋友兼同事——XING 的產品副總 Arne Kittler，在他精彩的演講「合作中的清晰度」裡，說明了兩種需要關注的清晰度：

63　你可以使用這個框架來建立共同理解：
　　http://auftragsklaerung.com

- 清晰的方向（Directional clarity）：由管理層提供的清晰度，包括願景、策略和目標。

- 清晰的情境（Situational clarity）：由人們為彼此提供的清晰度。[64]

作為 HoP，為團隊提供清晰方向是你的職責，也是你應該積極努力的事情。如果沒有願景，就去創造一個；如果沒有策略，就開始設計一個；如果沒有目標，就著手制定一些。然而，如果這些東西已經存在，卻沒有被妥善溝通或廣泛理解，那就要想辦法改變這種狀況。如果這些你已經都做了，但沒有達到預期的一致性，那可能是建立一致性的過程中該有的討論被忽略了，你需要退回去重新開啟對那些棘手問題的討論。

另一方面，清晰的情境是所有組織每天發生無數次的事情，它能幫助一起工作的人們更好地理解彼此正在做些什麼。你應該要積極參與、並幫助你的產品經理們理解這些事情。舉例而言，不要在會議中說「有人應該測試這個待辦事項」，應該說的是「我今天將測試這個待辦事項」。

除了方向和情境之外，還有一種清晰度需要考慮：清晰的角色（role clarity）。每個人在組織中都扮演著特定角色，若這些角色沒有被明確定義，那麼目標不一致的狀況肯定會發生。當有人對其他人的行為感到失望時，這個狀況就會顯現出來——因為他對另一個人的角色期待沒有得到滿足。若這種不一致沒有被提出來討論，或許是因為害怕傷害彼此間的關係，將會導致另一個人沒有機會改進，更無法創造目標一致性。

有許多工具可以幫助你和團隊建立角色清晰度，我非常喜歡「我的使用手冊」（Manual of Me 網址：https://www.manualof.me/），這份方便的指南能夠幫助他人了解如何在工作中與你合作。

64　Arne Kittler (May 2, 2019). Clarity in Collaboration. 來源：
　　https://youtu.be/T5Ta6TJtQKs

此外，我發現讓團隊成員填寫以下這個角色工作表，可以幫助每個人獲得所需的清晰度，進而建立彼此之間以及與組織的一致性：

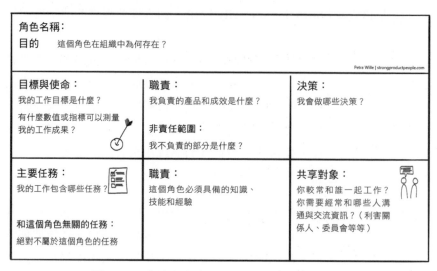

圖 10-2：我的角色定義畫布——它能幫助團隊
建立每個角色與職責的認知一致性 [65]

提醒：讓工作環境更加清晰是每個人的責任。告訴你的產品經理不能總是依賴他人，並與他們的團隊討論這個問題。避免使用專業術語或行話——讓自己表達的事情清晰易懂。向他人尋求進一步說明或再次核對是絕對可以的。記住喜劇作家 Jerry Belson 的話：「永遠不要假設（ASSUME）自己知道所有事情，因為當你這樣假設時，你就讓傻瓜（ASS）成為了你（U）和我（ME）。」[66]

65　https://www.strongproductpeople.com/pmwheel#role-definition-canvas
66　https://en.wikipedia.org/wiki/Jerry_Belson

開啟讓目標一致的討論

除了清晰的意圖之外,你需要盡早就那些棘手的問題——也是需要達成共識的問題——進行討論。當你開始討論時,有件很重要的事情要先知道,根據 Arne Kittler 的說法,在所有組織裡都存在三種需要達成共識的維度(見圖 10-3),向上的維度,代表管理層。橫向的維度,代表同儕和夥伴。還有向內的維度,代表團隊。

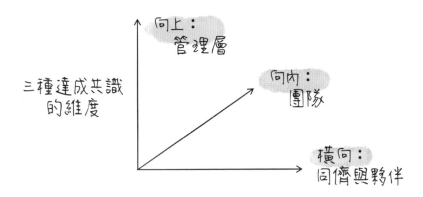

圖 10-3:三種達成共識的維度

為了在產品組織內達成完全的共識,這三個維度的問題都必須被處理。以下是如何做到這點的方法:

- 讓所有相關人員參與。

- 啟動對話。

- 盡早談論那些棘手的問題。

- 鼓勵人們表達他們的想法。

有一種啟動討論的方式是規劃撲克牌（*planning poker*），我們大多對它很熟悉，因此，很適合用這個範例來向產品經理解釋什麼是達成共識。我知道──有些人認為規劃撲克牌是一種敏捷（Agile）的做法，目的是為了讓開發團隊進行工作項目估計：產品負責人描述她希望團隊建造的內容，以及使用者實際上希望這個功能可以做什麼，然後開發團隊成員舉起卡片，表示他們對開發複雜度的個人估算──例如一個是 5，一個是 8，一個是 13──然後他們開始討論，直到團隊中的每個人都同意它是 5、8 或 13。然而，規劃撲克牌的真正價值並不在於估計，而是它引發的討論、以及為團隊帶來清晰度和達成共識。

XING 的產品團隊開發了另一種共識協作的框架，他們稱之為 *Auftragsklärung*（在英語中，這個詞翻譯為「釐清順序」，通常在軍事場景中使用）。此框架包括兩個部分：結構式書寫（structured writing）和對話。開發這個框架的人員特別強調，這個過程的價值不在於填寫表格或建立最後被收進抽屜裡的文件，它真正的價值在於進行對話和討論。以下是該框架的摘要，你可以在相關網站上了解更多資訊。[67]

67　https://auftragsklaerung.com/

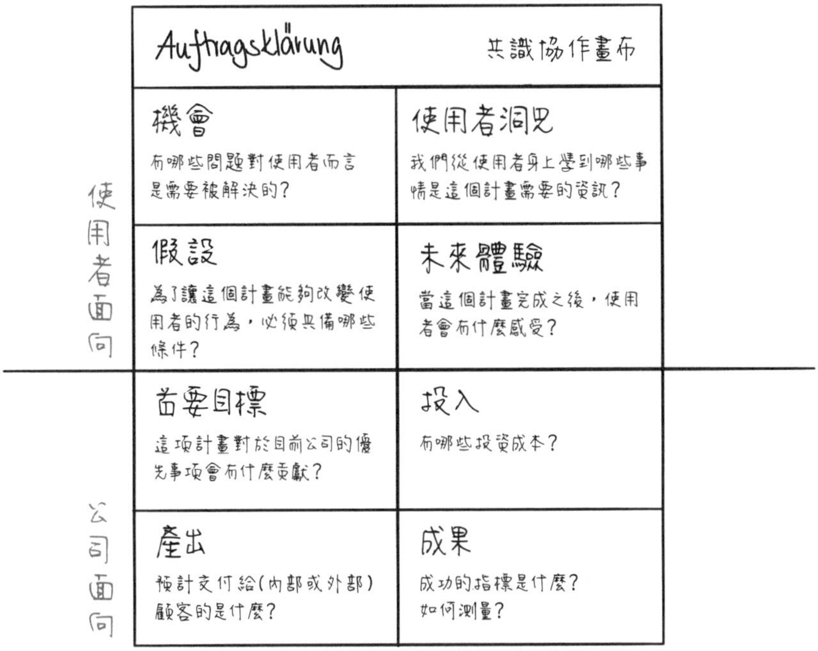

圖 10-4：XING 用來協作與達成共識的框架

導致衝突的討論

衝突在任何組織中都是常見的，只要衝突雙方尊重彼此的觀點，衝突也可以是件好事，我稱之為正面摩擦力（*positive friction*）。我們可以對想法進行辯論，並徹底檢視這些想法，而不是攻擊提出它們的人。當然，衝突也有負面的部分[68]，但我想先從和達成共識密切相關的角度談起。

兩個團隊或兩個想要確認目標的人因為衝突而無法達成共識，這種情況並不罕見。根據我的經驗，有九成的情況是因為彼此的目標有所衝突，導致雙方無法就某個特定的解決方案、結果或方向達成共識。當你鼓勵團隊自行解決衝突，他們卻陷入僵局且無法突破，你該怎麼辦呢？

[68] 第 28 章〈處理衝突〉中有更詳細的說明。

在這些情況下，你需要一種機制來解決這個問題：升級處理（an escalation）。升級處理是指衝突中的團隊或個人將決策上報給更高一級的管理層——通常是直屬主管，並尋求他們的幫助。

圖 10-5 展示了 Arne Kittler 提到在 XING 團隊中很實用的「澄清宣言」（Clarification Manifesto）——確保你的產品經理知道升級處理是一個選項，並理解這樣做沒有什麼不對：[69]

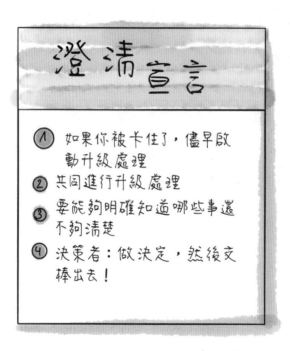

圖 10-5：澄清宣言 [70]

69　在這個 2018 年 Mirror Conf 的影片中，XING 的 Arne Kittler 談論了協作中的清晰度：
　　https://youtu.be/T5Ta6TJtQKs

70　https://youtu.be/T5Ta6TJtQKs

讓結果公開透明

在完成了澄清計畫意圖並進行討論的流程後，為了獲得完整的共識，討論的結果必須是公開透明的，也就是說，結果必須充分傳達給共識確認流程中的所有人員。撰寫結果摘要，然後將其發送給團隊，以獲取他們的反應和回饋。他們同意你所寫的內容嗎？他們聽到的是相同內容還是有所不同？

只有在每個人都有機會檢閱一些具體的內容——例如填寫好的「Auftragsklärung」畫布或共識確認過程的書面摘要——且他們沒有任何額外的評論時，你才能確定建立一致目標的工作已經完成。

延伸閱讀

- Arne Kittler 談論協作中的清晰度 https://www.strongproductpeople.com/further-readings#chapter-10_1

- Auftragsklärung 網站 https://www.strongproductpeople.com/further-readings#chapter-10_2

- 產品經理的共識協作 https://www.strongproductpeople.com/further-readings#chapter-10_3

- Henrik Kniberg 談論「Spotify 節奏——我們如何達成目標一致」https://www.strongproductpeople.com/further-readings#chapter-10_4

- Janice Fraser 談論如何評估團隊是否買單（buy-in）https://www.strongproductpeople.com/further-readings#chapter-10_5

- 書籍：

  ○ *The Art of Action* by Stephen Bungay，繁體中文版《不服從的領導學：不聽話的員工，反而有機會成為將才》，大是文化

CHAPTER 11

怎麼找到時間來做這些事

- HoP 對於人才培育的時間管理

- 你真的重視你的產品經理嗎？

- 產品經理的人才培育時間管理

你大概已經發現，本書充滿著產品部門最高主管為了建立更高效的產品組織可以且應該做的事情。但有個問題是，如何找到時間來做這所有事情——特別是涉及你的團隊與你自己的培育發展時。就像是保持運動或正確飲食習慣，這一類事情常常被擱置一旁。我們知道這是好事，也知道應該要這麼做，但其他事情不斷地阻擋在面前。

讓其他優先事項妨礙你和團隊合作，導致你無法幫助他們培育能力和發展職涯，這是大錯特錯。為什麼？因為幫助員工發展職涯是你最好的管理工具。眾多研究顯示，它能提升員工的留存率、參與度、生產力並帶來具體成果。

既然如此，為什麼我們就是不去做這些重要的事呢？隨便詢問一位 HoP，你得到的答案通常都是「我就是沒有時間」。因此，這一章的內容全都是要幫助你找到培育人才所需的時間。

找出時間培育人才（HoP 版本）

若要為人才培育騰出時間，並不是靠著減少其他工作責任──更重要的是以更有效率的方式培育人才。讓我們來看看，身為 HoP 的你可以做些什麼，藉以提升人才培育的行動效率。

專注於簡短而有意義的對話。你不需要每週與所有團隊成員進行兩小時的一對一會談，才能夠指導他們的發展。更有效的是小型、短暫、專注的一對一且有意義的對話──就算每次只有 10 分鐘──重點是頻繁且持續進行。為好的表現提供即時回饋（例如在會議剛結束之後），對於不好和負面事物的回饋則要選在正式場合進行。如果我加入一場會議，而我團隊裡的一位產品經理也在那裡，我會拿出一張紙，寫下一些正面回饋內容，並當場交給她。

養成習慣。壞習慣很難改掉，好習慣則需要時間（和付出心力）來培養。[71]

運用時間盒（timeboxing）概念進行準備。在與團隊成員會談之前，對每個人進行一段你的自我反思是很重要的。你可以在行事曆中新增一個時段來實現這件事情──通常保留每人十分鐘應該足夠，但即使只有五分鐘也比完全沒有好。思考一下你想給他們什麼回饋、他們的下一步發展是什麼，以及下一次和他們對話的關鍵問題 / 主題將會是什麼？你可以參考一些可用來幫助你準備的框架──PMwheel、52 個問題卡牌 [72]，或這本書的相關內容。

71　關於建立新的人才培育習慣的訣竅，請參考第 8 章〈追蹤績效與提供回饋〉。

72　https://www.petra-wille.com/52questions

找出你喜歡的方式。如果你找到一種讓人才培育過程更加愉快的方式，它就更有機會成為習慣。舉例來說，進行一對一會談時，不必侷限在辦公室裡——你可以試著在辦公室以外的地方邊散步邊對話，例如在陽台、戶外咖啡館、餐廳等可以和你的產品經理一起呼吸新鮮空氣的場所，也可以進行步行電話會談。

如果你仍然為了如何找到培育人才的時間而掙扎，問題可能比缺乏有系統的做法或無法建立習慣來得更深層一些。

例如，你的團隊可能太大了。我最近與一位產品部門最高主管交談，他告訴我有 40 名產品經理直接對他呈報。坦白說，如果有 40 名直屬的產品經理，你就不可能進行適當的人才培育。我給這位 HoP 的建議是進行組織重組，以減少直接對他呈報的人數（對我來說，超過六名直屬人員就太多了）。

你也得要反思人才培育的重要性，將它納入全局考量——如果不進行人才培育，你終將失去優秀人才，而招募新的員工需要花費時間和金錢（加上你在離職員工身上已經投入的時間和金錢也是種損失）。

將人才培育與更高層次的工作和生活目標連結起來：「如果我花更多時間進行教練式指導，人才更有可能留下，團隊的產出將會改善。有了更多具備經驗、知道自己在做什麼的人，我們就不會一直處於救火模式，我也可以花更多時間陪伴家人、在樂團裡彈奏吉他、或做任何我想做的事情。」（Leo Babauta 在他的著作《禪宗習慣的本質》（*Essential Zen Habits*）中稱之為「立誓」（making a vow））。

你真的重視他們嗎？

如果你已經做了前面提到的所有事情，但仍為找出時間來培育人才感到掙扎，我得要告訴你一件可能沒有人敢跟你說的事：其實你並不是真正關心你的產品經理。可能是他們對你來說不夠重要，或者在應對產品組織運作的日常需求時，你經常忘記關心他們。這些話可能不太中聽，但卻是事實。

Marty Cagan 在他的《矽谷最夯‧產品專案領導力全書》（*EMPOWERED*）中對這個重要話題有所論述：

> 目前為止，我看到人們無法成長或提升技能的最主要原因，是許多主管不喜歡培育人才，或者不將其視為自己的主要責任。因此，人才培育被推延為次要任務，這也傳達給員工的一個明確訊息：你得靠自己了。[73]

若你不重視你的團隊，你和你的組織是不會成功的。你不必與團隊人員成為朋友，但你仍須把他們當成是個「人」來對待——和你一樣，他們也擁有抱負和夢想。當然，你的員工有機會自行發展成稱職的產品經理，但如果你能定期花些時間幫助他們，那麼他們成長所需的時間將會縮短許多。你的外部視角和經驗將幫助他們以新的觀點看待自己。透過你的以身作則，他們將會在忙碌的行事曆中，為自我發展這項關鍵任務騰出時間來。

有時候，被提醒為什麼要關心我們的產品經理是件好事。舉例來說，我們大概都知道運動很重要，但直到心臟病發作後才會真正開始想要運動。我們可能了解保護環境的價值，但只有自己的孩子在被工業污染的湖裡游泳而生病時，我們才真正開始關心起環保。

想像一下，一位注重成本的財務長和一位注重績效的執行長之間有以下對話。財務長問執行長：「當我們投資了那些錢在員工培育上，但他們卻離開

73　Marty Cagan with Chris Jones, *EMPOWERED: Ordinary People, Extraordinary Products*, Wiley (2020). 繁體中文版《矽谷最夯‧產品專案領導力全書：平凡團隊晉升一流團隊的 81 堂領導實踐課》，商業周刊。

了，我們該怎麼辦？」執行長反問財務長：「如果我們不培育員工，他們卻留下來了怎麼辦？」

你可以用相同的邏輯來理解為什麼應該要重視人才培育。以下是我建立的畫布，可以幫助你做到這一點。這個畫布基於四個面向來陳述：對他們的好處、對你的好處、對我們的好處、對所有人的好處。圖 11-1 是一個填寫完成的畫布範例。

為什麼我應該重視人才培育	Petra Wille | strongproductpeople.com
對他們的好處 如果你投資一些時間在人才培育，哪些事情會變得更好？	他們會覺得自己被關心，會因為持續成長而留下來，擁有更多動力，在看見正面成效後會想要有更多學習。
對你的好處 人才培育會帶來什麼改變，可以讓你的工作變得更輕鬆？	如果離職率降低，招募和新人到職培訓花費的力氣就會減少。人員成長後，升級處理(escalations)的需求也會減少。開發出的產品會變得更好。
對我們的好處 人才培育對團隊的好處是什麼？	因為產品經理的動力增加，團隊也會有更好的成果產出→因為正面能量將會感染整個團隊。 為客戶帶來更多價值，最終為公司提升營收。
對所有人的好處 人才培育對整個組織、甚至組織以外的正面效益是什麼？	公司距離讓世界變得更好的願景又更靠近一些。 因為不用一天到晚救火和加班，我可以有更多時間和家人相處。

圖 11-1：「為什麼我應該重視」畫布填寫範例 [74]

找出時間培育人才（產品經理版本）

記住，你的產品經理可能面臨著與你相同的挑戰：找不到時間來做自我發展。如果是這樣的話，那麼你需要幫助他們理解，為什麼投資於自我發展對他們來說是有好處的——包括對產品經理自己的好處、對你作為 HoP 的好

74　你可以在這邊找到空白畫布模板：https://www.strongproductpeople.com/downloads

處、對團隊和組織的好處，以及對組織之外的人的好處。要讓你的產品經理明白，你和組織都非常重視自我成長。

更明確地說⋯⋯

- 經常提醒產品經理們，這些學習如何幫助他們成長，並能往職涯目標更進一步。

- 建議他們在工作中預留時間進行個人學習發展，就算每週只花 20 分鐘也是好的開始，而且持之以恆比花費大量力氣來得重要！若不小心錯過了一次，也絕對不要連續錯過第二次！

- 友善地提醒他們學習時間到了。

- 讓他們找出最適合自己的學習方式（包括時間、地點、媒介等）。

- 確保他們了解學習的不同類型：包括吸收、應用、反思、貢獻（參見圖 11-2）。

吸收	應用
・書籍　・podcast ・文章　・教育訓練 ・會議／演講	・公司的新計畫 ・副業(side project)
反思	貢獻
・個人 OKRs ・日誌 ・追蹤與回饋	・在活動／社群中分享 ・協助入職培訓　・教學 ・擔任志工　・寫作

圖 11-2：學習新事物的不同方式

我們透過閱讀書籍、部落格、podcast 等方式進行吸收式學習；藉由將所學應用在日常工作或正在進行的副業來提升技能；反思幫助我們確保自己是明智地投資珍貴的學習發展時間；對產品管理社群做出貢獻（無論是公司內部還是全球性社群）幫助你了解自己學到了多少；同樣地，藉由幫助一位新同事進行入職培訓，可以讓你轉換視角，透過他人的觀點來檢視自己使用的方法、工具和工作方式。

延伸閱讀

- 書籍：

  - *The Power of Habit* by Charles Duhigg，繁體中文版《為什麼我們這樣生活，那樣工作？》，大塊文化

  - *Mindsight* by Daniel Siegel，繁體中文版《第七感：自我蛻變的新科學》，時報出版

  - *Immunity to Change* by Robert Kegan and Lisa Lahey，繁體中文版《變革抗拒：哈佛組織心理學家教你不靠意志力，啟動變革開關》，財團法人中衛發展中心

  - *The Dip* by Seth Godin，繁體中文版《低谷》，商業周刊

PART III

招募優秀的產品經理——
吸引最好的人才

每個傑出的產品組織都需要優秀的產品經理，這得要從找到
合適的人才並吸引他們加入你的組織開始，然後還有面試、
評估和雇用等工作。最後，花時間做好入職培訓，以便他們
能夠在最短的時間內融入團隊並產生貢獻。在第三單元裡，
將會詳細探討這些重要的工作。此外，我也會說明如何使用
第一單元介紹的 PMwheel 評估方式，幫助 HoPs 進行招募和
入職培訓。

CHAPTER 12

如何招募優秀的產品經理？

- ■ 主動與被動招募

- ■ 徵才廣告

- ■ 求職者輪廓

每個組織都需要雇用有才華的人來完成偉大的工作，並將最好的產品交付給他們的顧客。諷刺的是，許多領導者認為招募是個問題——一個需要被解決的擾人負擔。如果你也有這種感覺，我建議你用不同視角去看它。招募不該是個需要被解決的問題——它是你能夠對你的團隊、產品和公司產生影響的絕佳機會。如果做得好的話，你就是在建立一個環境，讓人們在其中應對有意義的挑戰，覺得每天的工作都是種享受。

老實說，招募不一定是最有效或最快獲得優秀人才的方式。培育你已經擁有的人才——為他們提供所需的訓練和機會，幫助他們提升工作技能與經驗，以及職務晉升機會——通常是更好的方法。

聽起來不太合理嗎？在我居住的德國，平均需要九個月才能雇用到一位合格的產品經理——這是德國所有產業和公司的平均數據。而且，一旦完成招募、遴選並雇用了新員工，之後的入職培訓還需要另外約三個月的時間。所以，從頭到尾，你要花整整一年才能讓新員工在你的團隊或組織中完全發揮作用。

思考一下，如果把這 12 個月用來支持現有產品人員，提升他們的技能以成為更有價值的員工，能帶來的效益有多大？然而，由於這章是關於招募，我們就先專注在這個主題。

主動與被動招募

關於招募，有兩種類型的應徵者是你應該注意的：

- **主動求職者**。那些積極尋找工作的人。

- **被動求職者**。如果有合適機會出現，他們可能會被說服並離開目前職位。

那麼，你應該專注於這兩種應徵者中的哪一種呢？

答案是兩者都要。

主動求職者會瀏覽職缺資訊、與他們社交網路中的人交談、參加小聚等活動以尋找新工作機會。因此，你需要確保他們看到你的徵才廣告，盡可能讓很多人知道你正在招募。如果你有推薦獎金方案，也要讓你的員工知道。在理想情況下，你會在不同的平台發布職缺廣告，並為你的職缺網站做搜尋引擎優化。這被稱為是被動招募，因為它主要是在等求職者提出申請。

主動招募（針對被動求職者）需要一套完全不同的 HR 技能。你需要擬定詳細的求職者輪廓以幫助識別合適人才。然後，你需要思考哪裡可以找到這些求職者、如何聯繫他們、以及如何說服他們轉職到你的公司。大型公司一直在做這件事，即使在沒有職位空缺時也是，他們會積極建立人才庫和求職者名單，以便在合適的職缺出現時，立刻開始接洽適合的人。

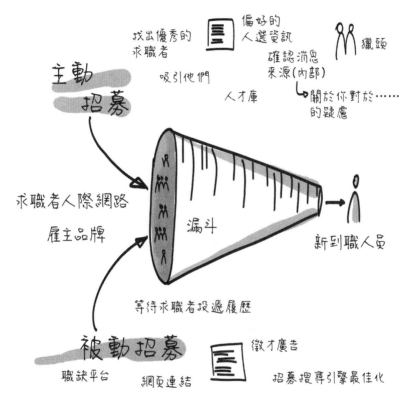

圖 12-1：主動／被動求職者和招募漏斗

讓我們來看看這個過程的兩個部分：徵才廣告和求職者輪廓。

徵才廣告

要建立一個出色的徵才廣告，先從閱讀你公司過去曾發布過、以及其他頂尖公司的徵才廣告開始。在撰寫廣告內容時，站在理想求職者的立場思考——想想你喜歡什麼和不喜歡什麼，應該包含哪些內容來幫助求職者決定應徵你的職缺？

警告：不要只是直接複製貼上別人的內容，我知道它似乎是最有效率的方法，但請相信我，你可以有更好的做法。定義清楚你尋找的人需具備什麼能力，使用 PMwheel 評估表可以讓這件事變得更輕鬆。

確保求職者了解他們將要加入的公司、負責的產品以及產品是為誰而打造；介紹公司價值觀或宗旨；思考該職位是否真的需要 10 年經驗或 MBA 學位 [75]，很多公司都有列出這樣的條件，但也因此錯過一些非常優秀的人才，或許有些人看到這些條件就不願意申請了。例如，我常聽到女性求職者告訴我，某個職缺要求三年的經驗，而她們只有兩年的經驗，所以就沒有申請了。男性求職者的情況不同，即使只滿足 70-80% 的條件，他們也會申請。因此，我的建議是將你設定的條件按照優先順序排列，你可以依此篩選履歷，但不需要在徵才廣告中列出太多這樣的條件。

在介紹公司福利時要小心——你不希望產品經理僅因為公司提供藍瓶（Blue Bottle）咖啡或免費午餐就想要加入。我建議你可以說：「我們提供包括個人培訓預算的眾多福利。」既然我們談論的是產品經理職缺，我建議你在發布廣告前先進行測試，向你的產品經理和此職缺所屬團隊展示這個徵才廣告，看看他們最感興趣的部分是什麼。根據他們的回饋，你就能在發布廣告前調整一些內容。

75　https://www.quora.com/Why-are-MBAs-looked-down-upon-in-Silicon-Valley

接下來是廣告應該刊登在哪裡的問題。當然，徵才廣告應該要一直保持在你的網站上，此外，也應該刊登在產品人常去的網站，例如 Mind the Product 的職缺看板（https://jobs.mindtheproduct.com）——這是尋找產品經理的好地方。某些求職平台不收費，有些則需要支付費用才能刊登廣告。還有一些大型求職與招募網站，例如 Monster、Indeed、LinkedIn 等。別忘了與你的員工分享職缺——有些人可能想自己申請，或知道哪些人會有興趣，無論如何，都可以請他們協助宣傳。

使用公司的社群媒體帳號宣傳職缺——X 和 LinkedIn 是非常有效的招募工具——並在 Meetups 上提到你正在招募。你還可以聯繫一些相關社群，請他們幫忙分享職缺，比如 Women in Product（https://www.womeninproduct.com）或 Mind the Product 在 Slack 上的社群。

求職者輪廓

一個好的求職者輪廓包括你正在尋找的人才定義，這也是基於你對優秀產品經理（或基於 PMwheel 評估表）的定義，據此建立出類似求職者人物誌（candidate persona）的東西。你很清楚裡面應該包括什麼——教育背景、個人狀況、是否願意出差、主要技能和經驗、遠端工作經驗等等。還有一些是期望特質，例如出色的溝通能力、團隊合作能力強、善於處理不明確狀況等等。你應該思考如何在線上識別這些特質，因為這個求職者輪廓通常會交給 HR 部門的同事，你需要給他們一些關於如何辨識出這些人的想法和指引，包括他們應該尋找的職稱，以及求職者的檔案中應該包含的技能和關鍵字。例如，你可能想指定一些框架和方法，比如 OKR、設計衝刺（design sprint）等等。

求職者所在的地理位置很重要，因為不是每間公司都能負擔新員工搬家的費用，如果公司負擔得起這些費用，你就可以對全球各地的人才進行招募。你可能希望尋找特定公司規模的人才——例如，如果你們是一家中等規模的公司，那麼從一家超小型新創公司挖角不一定適合。最後一個重點是，求職者目前的職位是一個非常有趣的指標，決定了我們是否應該展開和他們的對話。

根據 LinkedIn 的一項研究，在大學畢業後的十年內，千禧世代平均會更換工作 4 次，也就是每 2.5 年換一次工作。[76] 因此，如果你想進行主動招募，最好與那些已經工作兩年左右的人進行對話。

你可以藉由檢視他們在 X 上關注的人來蒐集資訊，因為這能反映出很多訊息。如果他們想成為自身專業領域中的意見領袖，他們可能會在 X 關注一些產品人，以及參加這些人可能會出現的聚會活動。

你需要經常測試目前使用的求職者輪廓，方式是將你定義的篩選條件套用在團隊裡的產品經理身上，看看他們是否能夠成為符合條件的理想求職者。如果不是的話，請調整這份求職者輪廓，讓它可以更準確地反映出如何在你的組織中成為優秀的產品經理。

識別求職者的非傳統方式

在產品組織中，總會有一些我稱之為「產品經理代理人」的角色。有些產品團隊可能沒有產品經理，或者沒有真正屬害的產品經理，在這些情況下，通常會有其他人挺身而出，承擔起大部分產品經理的職責。這個人可能是工程師、QA（quality assurance）人員或團隊中的其他人。這些人是產品經理職缺的優秀候選人——他們可能已經在做產品經理的工作，而且已經做了很長一段時間。從事客戶服務角色的人也可以是很好的候選人，因為他們往往充

滿同理心，並希望能夠幫助使用者。你也可以考慮招募展現潛力的社會新鮮人，但請記住：雇用資淺的人員往往需要付出更多心力給予指導和培訓！

此外，你可以瞄準競爭對手公司的產品人員，雖然這不一定是最好的主意。首先，你不會想要複製競爭對手已經在進行的工作。其次，你可能不想將他們的文化引入你自己的公司，因為不同公司之間通常存在著文化差異——即使是競爭同一市場的公司也會有著巨大的差別。

接著，還有顧問和派遣公司，它們可以是臨時產品人員的良好來源。如果這些人表現出色，你也許可以說服其中一些人正式加入組織。

產品管理研討會是尋找潛在產品經理候選人的絕佳場所。如果你正在尋找經驗豐富的人才，請查看講者名單，從中尋找有趣的候選人。有些研討會也會公布參與者名單，你可以查閱並從中進行招募。

部落格是另一個產品人的良好來源，查看誰在 Quora、Medium 或與產品相關的部落格熱烈地參與討論。一些部落格允許訪客發表文章，因此也要密切關注這些部落格。還有，猜猜看誰會在亞馬遜上評論產品書籍（例如 Marty Cagan 的《矽谷最夯‧產品專案管理全書》）？沒錯，就是產品人。

以上這些只是作為示範，如果稍微跳脫傳統思維的框架，你也可以很有創意地尋找產品經理職位的候選人。

一旦找到了優秀的求職者，你就必須判斷他們是否有真材實料。作為產品部門最高主管，我建議你盡量在初期與求職者直接進行溝通，而不是將這個工作委派給 HR 部門或其他人。我知道招募是一項繁重的工作，但如果你自己安排面試，你會更了解這些求職者的程度。他們撰寫 email 的能力如何？他們是否迅速回覆？在招募過程中，盡可能快速回應求職者的訊息，可以讓求職者感受到你對他們的重視。

如果你正在積極尋找的是更高階的職位，我強烈建議他們與你的組織第一次接觸的對象應該是你本人，而不是 HR 部門的人員。如果他們對這職位有點興趣，你可以安排一場非正式的初次會面——如果可能的話，可以邊喝咖啡邊聊天，或是一個沒有特定架構或流程的輕鬆電話交流。

如果你在一家大公司工作，招募將會是一項持續進行的工作。請測量並優化你的招募漏斗（funnel），你需要與多少潛在候選人交談才能獲得 10 份求職申請？如果你只在特定平台上刊登職缺，有多少主動求職者會來投履歷？履歷的品質如何？你的招募週期有多長？設定指標並追蹤它們，並根據結果調整招募方法。

雇主品牌

你應該要對雇主品牌的藝術進行研究。如果你有幸在一家擁有 HR 部門的公司工作，他們通常會盡力確保求職者在網路上搜尋你的公司時能留下一些好感。因此，他們會在公司網站上保有完整的職缺資訊，也會盡力保持網路上對於公司相關討論是正面的，目標是確保求職者獲得正向資訊，也就是這間公司對產品人而言是個優秀雇主，即使他們還沒開始積極地求職，也會對你的公司產生好印象。你的公司在 Glassdoor 或 kununu 上的員工評價如何？你對此感到自豪、還是有待改進？

作為產品部門最高主管，你要思考如何建立更多有益招募的行動。在公司之外，你應該是個具有能見度的公司產品代言人。你會參加或主持社群聚會嗎？你是否有經營社群媒體、分享你對產品相關主題的看法？你的公司會在研討會上設置攤位嗎？產品人員是否會出現在公司以外的場合？除了你自己以外，你的團隊也可以做這些事，鼓勵他們在網路上分享自己的學習與經驗，或是到產品社群聚會活動進行交流。

CHAPTER 13

面試、評估和雇用

- 建立你的團隊

- 招募流程

- 面試、評估與提出錄用邀請

在找到一些有潛力的產品經理候選人之後，你必須決定他們是否適合這份工作。到目前為止，你只看過他們履歷，但還沒有機會實際與這些人交談，以確定他們是否具備你的組織所需的經驗、智慧和人格特質。當你開始進行面試，然後藉由收集到的資料來評估應徵者，並在最後提出錄用邀請，過程中將會充滿許多變化。

在閱讀本章時，請記住實際面試和招募流程在世界各地存在很大的差異。事實上，我從未在兩個不同的組織中看到完全相同的招募和錄用流程——無論這些組織是在城市裡的不同區域、還是位於完全不同的國家。當地的法規和社會規範將影響尋找優秀求職者的難易程度，包括你如何接觸他們，以及在面試和招募過程中該對這些人說些什麼。此外，企業聲譽、品牌吸引力等許多其他因素，都會影響到有哪些人會申請你的產品經理職位。

請記住，最重要的是沒有任何一種方法可以完美適用不同面試、評估和錄用的狀況。然而，還是有一些適合任何情況的基本原則。你可以使用本章的資訊作為起點，但一定要根據自身需求定義出適當的方法，來建立屬於自己的最佳招募流程。

有意識地建立你的團隊

在開始招募流程之前，你要先花點時間思考，究竟想要建立什麼樣的團隊。在建立團隊的過程中，我個人的最佳作法是每年獨自進行一次年度規劃會議，我會問自己：「12 個月後，我心目中的理想團隊會是什麼樣子？」如果你決定採用這種方法，建議你思考以下問題：

1. 你目前的角色（我可以給予新的產品經理多少協助？我有多少時間可用於培訓和教練指導？）

2. 你對優秀產品經理的定義（你希望他們具備的技術、能力和知識——可以使用 PMwheel 來協助你）

3. 產品團隊的樣貌，以及他們期待團隊該有的樣子（我們可以容忍新人在哪些技能上的不足，因為團隊已經在這些方面做得非常好了？）

4. 他們需要應對的工作環境和文化（包括利害關係人、公司的其他部門及產業的情況）。

想一想 12 個月之後你心中的理想團隊是什麼樣子，有助於回答你對於產品經理招募計劃的各種問題，包括：

- 應該招募多少人？

- 應該尋找先驅者（熱衷於建立原型，對於冒險和創造全新事物感到興奮的人）、影響者（更著重於發揮影響——很在乎能夠觸及到許多人，著迷於成長和優化）、還是規劃者（那些建立基礎設施和系統，以應對未來的規模化和各種產品使用場景的平台營運經理）？[77]

- 應該把目標放在具備多少工作經驗的求職者？資深人員？初級 / 助理產品經理？或是介於其中？[78] 這符合你的預算和時程考量嗎？（初級 / 助理產品經理的成本較低，但需要花更多時間來幫助他們適應環境。）

- 應該尋找擁有什麼經驗 / 個性特質的人，以確保他們與你的核心價值觀保持一致，同時還能以積極的方式為公司文化增添新的元素？（不要只是期待文化吻合，還要追求文化豐富性。）

- 什麼樣的經驗 / 性格有助於增加團隊的多樣性？

---

[77] 請參考這篇文章以了解這三種產品人員：First Round Review (n.d.). The Power of the Elastic Product Team—Airbnb's First PM on How to Build Your Own. 來源：https://firstround.com/review/the-power-of-the-elastic-product-team-airbnbs-first-pm-on-how-to-build-your-own/

[78] 無論你的公司規模有多小，都需要在某個階段定義職涯階梯（career ladder）。本書的第 4 章〈你所定義的「好」產品經理〉和第 24 章〈保持資深產品經理的參與度〉提供了一些建議。

最後，根據 Dropbox 前產品與設計副總裁 Todd Jackson 的建議，最優秀的產品人員擅長做三件事情：

- 清晰描繪出成功的產品應該是什麼樣子；

- 號召團隊來建立它；

- 不斷迭代，直到達成目標 [79]

最終，這就是你要尋找的人才。

招募流程

每個組織和 HoP 的招募過程都會有差異，然而，基本步驟仍大致相同。以下是在找到一位優秀的產品經理候選人之後，我自己的招募流程中的六個步驟：[80]

1. 快速掃瞄應徵者的申請表。

2. 比較應徵者。（將應徵者與我們主動尋找的候選人進行比較，決定要邀請誰參加我們的首次面試。）

3. 審查個人檔案。（我傾向於在一個 25 分鐘的電話面試中進行這一步。）

4. 指定回家作業。（我通常會提供一個案例，要求他們準備並在面試中簡報。）

5. 進行正式面試。（如果應徵者通過了個人檔案審查，接下來我通常會邀請他們參加實際的面試。）

---

79 Todd Jackson (2019). Find, Vet, and Close the Best Product Managers. 來源：https://firstround.com/review/find-vet-and-close-the-best-product-managers-heres-how/

80 請參考第 4 章〈你所定義的「好」產品經理〉。

6. 提出錄用邀請。（如果找到了合適的人選，我們將會進行最後一步：提出工作邀請、合約協商並處理一些細節。）

讓我們深入了解招募過程中的每個步驟。

步驟一：審查應徵申請表

審查產品經理應徵者的申請文件時，你要問自己：這個人看起來像是產品人嗎？

無論他們以前是否擔任過產品經理，請使用你的 PMwheel 來做第一層評估。他們的經歷中是否有談及「理解問題」並與「團隊」一起「完成任務」？如果有許多不確定的答案，你可能要把這名應徵者移出候選名單。

每位 HoP 都有一些不可動搖的規則，也就是會自動將應徵者排除在外的條件。例如，某些公司可能在你的招募黑名單上——例如即將倒閉的競爭對手。另一個規則可能是該角色需要資訊科學（computer science）或 MBA 學位，不符合這些條件的應徵者將被排除。

話雖如此，我個人並不是很贊同僅用教育背景來篩選人選。這麼多年來，我曾經見過許多認真且努力的產品經理，也和其中幾位一起工作過，而他們都不是從頂尖名校畢業。在本章的面試部分，將會描述我認為真正重要的事情是什麼。

我也會檢視申請表、履歷或簡歷的文體與格式，例如它們是否易於閱讀和理解？他們是否把我當成履歷的「使用者」？這些部分增加了我對應徵者的認識。例如，他們是如何命名發送給他人的檔案？他們是否考慮到這些細節？

好的範例：2020_06_（角色）_（公司）_（他們的名字）.pdf

壞的範例：我的 _ 申請表 .doc & 我的 _ 履歷 .doc

想像一下，這些檔案都在你的招募資料夾裡，第一個檔案名稱包含你所需的一切資訊，第二個則會讓你疑惑應徵者是誰。我們在尋找的通常都是那些注重細節並付出努力的產品經理。但另一方面，如果他們花了很長的時間整理這些資訊，而且有著很美觀的設計，確保你在和這些應徵者進行面試時，檢視他們是否理解「完成比完美更重要（done is better than perfect）」。

步驟二：比較應徵申請表

在積極地搜尋人才和應徵文件審查之後，恭喜！你已經有一些具備潛力的產品經理候選人。接下來，你需要仔細比較應徵者的條件，決定要先邀請誰來面試。一旦你決定了進入下一階段的人選，可以邀請他們參加一次快速的 25 分鐘電話面試（招募流程中的步驟三）。

如果你還沒有找到完美的應徵者，但有幾位可能的潛在人選，你還是可以考慮與他們做個電話面試。這是你可以做的小小投資，一旦對他們有多一點的了解之後，有些人或許會展露能力。

步驟三：進行個人資料審查

在進入面試流程前，你要先確認你的產品經理候選人是否具備這份工作所需的真材實料，審查的最佳方式是透過電話、Zoom、Google Meet、Skype 或其他通訊平台來進行。進行個人資料審查有兩個主要原因：

首先，有些 HoPs 不太擅長篩選明顯不合格的產品經理候選人。當一個不合格的候選人被找進公司進行面試時，最終將會浪費很多人的時間。其次，一些 HoPs 會有相反的問題，他們在招募流程初期就限制了候選人的數量，原因僅是「我沒空和那麼多人面談」。

無論你屬於哪一種人，進行電話面試都是個好主意。我將個人資料審查分成三個部分：

說明職缺角色（5 分鐘）

- 解釋我們為什麼在尋找人選、我們目前的組織架構，以及這個職位的主要職責。

對應徵者的提問（15 分鐘）

- 請快速介紹你的履歷。

- 哪些是你想強調的部分。

- 談談你最喜歡的產品（無論是數位還是實體產品），解釋你為什麼喜歡它，以及你會如何改進它。

對面試官的提問（5 分鐘）

- 詢問應徵者有任何想問的問題嗎。

面試結束後，我會問自己以下問題：

- 應徵者能否有效地管理她的時間？（她是否好好利用這 15 分鐘？）

- 應徵者想要表達的內容是否難以理解？（如果是的話，那不是個好跡象。產品經理必須擅長溝通，因為這是他們工作最重要的部分！）

- 應徵者是否表現出對這份工作的興趣？（他們有提出一些好問題嗎？他們是否思考過自己在你公司可能的工作狀況？）

如果你將面試保持在我建議的 25 分鐘內，你應該能夠更清楚哪些人應該被邀請來參加之後更長時間的面試。此外，你還會獲得一些洞察，了解在下一輪面試時應該問他們哪些問題。因此，在電話面試時做些筆記是有幫助的，這樣你就能為接下來的面試準備好問題，以及準備幾個可以展示的案例。

如果應徵者展現出潛力，可以請他們寄給你一些之前工作的相關資料，也可以詢問他們是否有任何公開的作品。

最後，向應徵者解釋面試流程的下一步是什麼。

無論是這次還是任何後續的面試，最重要的是確保你創造出一個令人驚艷的體驗。即使應徵者最後沒有被錄取，但大部分的人都會和別人交流與討論，面試過程通常是最令人印象深刻、並且最想要分享的部分。人們理解招募與錄用總是有許多考量因素，但請讓他們感覺到自己有獲得充分尊重，而不是只被當成流程的一部分！

你需要在整個過程中考慮應徵者的感受：他們是否有被告知下一步是什麼？你在 email 裡是否回答了他們的重要問題？保持流程暢通並讓溝通個人化，如果你需要拒絕應徵者，確保在你決定不錄用他們後，盡快以個人名義發送 email 通知──包括能夠幫助他們理解你如何做出這個決定的資訊，讓他們感受自己受到公平對待！

快速提醒：有時候應徵者可能較多，一時之間無法面試完所有人。相反地，也可能當下只有一位應徵者，你想再等一等，直到至少有兩位以上的人選，如此一來你才有機會進行比較。有時候一份非常不錯的履歷被晾在桌上，因為你正在與另一位應徵者進行最後協商。這些情況都意味著有些應徵者不得不等待，而這絕對不是好事。永遠記得考量應徵者的感受，並嘗試調整與優化招募流程，這將會帶來好的成果。

步驟四：指定回家作業

一旦篩選出想要邀請來參加正式面試的人選名單，我偏好出一份「回家作業」的案例給他們，讓他們可以在面試前先做準備。通常我也會要求他們在面試過程中，面對白板進行一個情境練習（ad-hoc）。

回家作業的建議

可能的話，盡量選擇你的產品團隊正在處理、或最近處理過的項目作為面試作業案例。例如，假設你在一個求職網站工作。我建議的題目會是：

- 透過求職者角度檢視其中一個職缺資訊：你認為哪些部分最有趣？哪些部分有缺失？你自己還會希望看到什麼？——這是要測試他們能否換位思考？

- 接下來，請改變視角，以產品人員的角度瀏覽網站的不同部分，並說明你認為那些內容為什麼會出現在那裡。也請找出對於求職者、徵才公司、以及想要從中獲利的我們而言，有哪些特別有意思的地方？——這是要測試他們能否運用最先進的產品管理專業術語做出說明？能否對產品做出逆向工程（reverse engineering）？他們能對事物存在的原因做出合理的假設與推論嗎？

- 請他們談談當下對這個產品的目標，以及目前的方向／策略是什麼？請他們提出在這種情況下看到哪些機會，他們的假設和解決方案是什麼？要如何驗證這些想法？——這是要測試他們能否提出一些想法、以及這些想法是如何組織架構的？他們是否使用最新的方法論，例如故事對照（story mapping）、機會與解決方案樹（opportunity solution trees）[81] 等等？他們簡報的技巧如何？

81　更多說明請見：Teresa Torres (August 10, 2016). Why This Opportunity Solution Tree is Changing the Way Product Teams Work. 來源：
https://www.producttalk.org/2016/08/opportunity-solution-tree/

能用說故事般的方式說明他們做的事情嗎？他們想要溝通的內容是否清晰？以及這個人可能會如何與你的開發團隊合作？

有時候使用與你自己公司相關的案例會產生反效果，因為應徵者（尤其是那些在招募流程後期才被你列入考量的人）可能會覺得他們在免費提供建議，卻可能得不到任何回報。如果這經常發生，或許可以考慮使用與你公司無關的案例，在這種情況下，建議你可以關注非政府組織（NGOs）或政府機關目前面臨的問題，並基於這些問題建立案例。

請確保你的產品經理應徵者有足夠時間準備面試作業，我總是盡量提前五天給出作業，最遲也得要是三天前，少於這個時間就有點過分了。

情境練習的建議

在面試過程中進行情境練習時，我會告訴應徵者，接下來要請他花點時間在白板上規劃一個新產品，然後我會說：「挑選一個你有熱情的領域，告訴我你會使用哪些步驟來提出一個新產品的構想。」

如果他們沒有想法，試著提供一個你自己的想法讓他們參考。舉例而言，我會說：「離你家最近的機場要做網站改版，你是專案負責人，你會如何開始？這個網站會是什麼樣子？」[82]

82　這個案例是從我以前的老闆 Jason Goldberg 那裡學來的，謝啦 Jason！

其他一些想法包括：

- 你會如何設計、做市場定位並銷售適合嬰兒的太陽眼鏡？

- 你會如何為老年人或內向者（重新）設計一家雜貨店？

- 你會如何重新設計你的淋浴間？

機場是一個很好的練習案例，因為你必須考量擁有不同需求的眾多使用族群——從商務旅客、有小孩的家庭、以及機場和航空公司的員工等等，觀察一下，這位產品經理應徵者有考慮到所有類型的使用者嗎？然後，在這個情境練習中提出以下幾個重要問題：

- 假設你是這個產品唯一的負責人，你的責任是盡快讓它推出並取得成功。

- 你會使用怎麼樣的產品開發流程？你能撰寫需求文件、提供基本的線框圖（wireframes）並分享你的發布計畫（release plan）嗎？

檢視他們在回答時是否採用了以使用者為中心的方法？他們是否有偏好的流程？他們是否以基於假設、實驗和迭代的方式思考？

最後，你可以進一步問：

- 你會追蹤哪些數據指標？為什麼？

- 你會為這個產品提出怎麼樣的商業模式？

應徵者習慣以數據來幫助決策嗎？他們能夠考量到商業層面、而不僅是從產品的角度出發嗎？

這兩類的案例演練，分別讓我了解到關於應徵者的一些事：

回家作業能夠讓我知道……

■ 他們是否真的在努力爭取這份工作。

■ 他們是否使用已知的框架和工具（重點不在於是否使用最新或最先進的方法——我只想看看他們如何以結構化的方式進行工作），我通常會基於設定好的 PMwheel 進行檢視，如果他們的表現涉及了 PMwheel 中的一到六個類別，通常會是個好跡象。

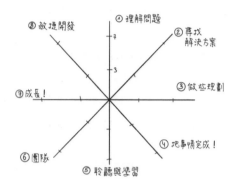

圖 13-1：PMwheel 可以協助你提出適當問題，或在面試時做記錄。

■ 他們是否能夠掌握「關注細節」與「把事情完成」之間的平衡。

■ 他們的時間管理技巧如何？我通常會說：「請用大約兩個小時左右的時間準備作業中的案例。」而好的應徵者會在簡報時指出他們花了多長時間做準備。（請記得，確保你提供的案例範圍不要太大，如果應徵者需要花八個小時才能提出一些具體內容來進行簡報，那你給的作業份量就太多了。）

■ 他們的簡報技巧如何。

■ 他們如何處理自己提出的解決方案中的關鍵問題。

■ 他們能否對我們目前的產品 / 解決方案提出批評，這些批評是否以適當的方式提出。

情境練習能夠讓我知道……

- 他們的思考脈絡如何。

- 他們是否建立了自己的產品經理工具箱？是否以使用者為優先考量？是否基於假設出發，並運用實驗（以及使用者回饋等等）來做出驗證？

- 我們是否適合一起工作。如果他們不是直接與我共事的人，我會相信他們可以和其他同事順利合作嗎？他們又是如何應對其他人的想法？

步驟五：進行正式面試

你的新產品經理候選人已經通過了第一輪審查──現在是時候在你的辦公室安排正式面試了（也有可能以遠端進行）。以下是你該做的事：

在面試開始之前，務必根據你的招募計劃、求職者輪廓和 PMwheel 評估表來準備面試題目和情境問題案例。試著尋找當他們的熱情被點燃時眼中的神采，你可以談論你的產品──產品想要解決的問題、它的弱點或潛力等等──看看這能否讓你的應徵者感到興奮。如果還是不確定他們的熱情所在，可以詢問他們的嗜好、或他們是否有熱衷的個人專案（pet project）。尋找有害行為（toxic behavior）的跡象，以及和公司價值觀與文化的契合度[83]。也要觀察他們能否放下舊知識重新學習，這是適應力強的徵兆。

該讓團隊成員（開發人員、設計師、HR 人員等）一起參與面試嗎？是的──你可以讓團隊成員一起加入，但不要過度執著。只有在團隊成員知道如何面試別人（如果他們不懂，就要先給予對應的訓練）的情況下才邀請他們[84]，盡量避免在面試流程中找太多人進來。

---

83 A Conscious Rethink (July 24, 2019). 30 Toxic Traits A Person Might Exhibit: A Detailed List. 來源：https://www.aconsciousrethink.com/3865/30-toxic-behaviors-no-place-life/

84 你可能會想看看「延伸閱讀」中 Kate Leto 的書籍。

現在你已經準備好了一些面試問題、並挑選兩到三位應徵者來參加面試，是時候反思你想要特別留意的個性特質了。如同第 4 章〈你所定義的「好」產品經理〉所述，我在正式面試中，對於產品經理候選人特別留意的個性特質有以下六種：

- 好奇心：這很重要，因為如果一個人有好奇心（我指的是「我想了解是什麼讓世界運作」的好奇心，而不僅是與工作相關、對職涯下一步發展的好奇心），他會不斷學習，如果他能夠持續學習，就可以提出更好的問題與假設，這兩點對於打造出色產品而言都是必需的。

- 情緒智商（Emotional intelligence，EQ）：如果想要理解使用者、說服利害關係人並與團隊共事，擁有高 EQ 是非常重要的。

- 渴望發揮影響力：如果你找到了一個擁有其他所有個性特質、唯獨少了這一點的人，他大概永遠無法成為一位真正成功的產品經理。或許他最終可以成為一個不錯的待辦事項管理員，但對發揮影響力的渴望才能讓一個人專注在真實的成果上。

- 智能：我們生活在一個複雜的世界，作為一名產品人，得要擁有充足的理解力，才能為公司所處領域提出嶄新的想法和有創意的解決方案。這將會需要一顆敏銳與機智的腦袋。

- 適應力：變化是生活中唯一不變的事物，產品經理需要對這個事實感到自在，以便能夠迅速適應新的情況。[85]

- 可以愉快地相處：這一點在某種程度上與情緒智商特質重疊，但我仍然認為提及它很重要。如果這位產品經理是個討喜的人，且大家都喜歡與他相處，那絕對是一大優勢。

85　Lucy King (April 1, 2019). Who Said Change Is the Only Constant in Life? 來源：https://medium.com/mindset-matters/who-said-the-only-constant-in-life-is-change-233fd9e27b87

正如矽谷產品經理組織（SVPG）的 Lea Hickman 所說：「在產品管理領域很重要的是，我們希望找進來的人能夠激發出周圍人們的最佳表現，並能因此大放異彩。」[86]

既然我們在談論正式面試，你需要為面試當天規劃出結構性的時程安排，才能讓流程盡可能順暢，同時也能獲取所需的應徵者資訊，以幫助你做出好的決定。以下是產品經理面試流程的典型時程規劃：

上午 9:15 應徵者抵達

上午 9:30 開始面試流程：

- 快速介紹人員、產品與流程。

- 進行回家作業案例簡報及提問。

- 進行情境練習，提出分析性問題並測試軟技能（soft skills）。

- 如果時間允許，提出「請跟我分享……」類型的問題（例如「請跟我分享一個你的團隊克服了表現 / 開發速度大幅下滑的經驗，你們是如何做到的？」或是「請跟我分享你在工作中達成重大目標的經驗，你當時是如何做到的？」）

86 Holly Hester-Reilly (May 14, 2019). The Lea Hickman Hypothesis: Product Management Is a Team Sport. 來源：https://podcasts.apple.com/de/podcast/the-lea-hickman-hypothesis-product-management-is-a/id1451623431?i=1000438066298

中午 12:00 安排兩到三位同事與他共進午餐——你不會參與，因為你想知道團隊是否覺得他能與這個人共事。如果你不在旁邊，對他們來說會更容易判斷。記住：在你雇用了這個人且團隊開始和他一起工作之後，你不會在一直在他們身旁。

下午 1:00 結束面試流程（這個部分只有你和應徵者參與）

■ 詢問他們是否有任何問題。

■ 如果可能，請他們提供推薦人，這在任何地區都是很合理的請求。

■ 詢問他們認為的合理薪資是多少。

■ 說明接下來的流程和時間安排。

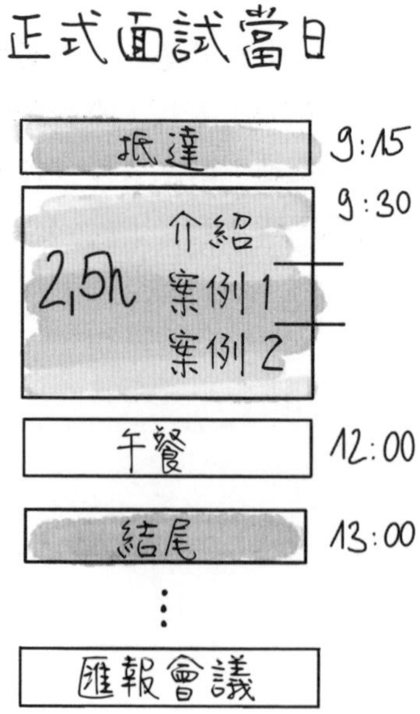

圖 13-2：產品經理面試時程表

正式面試的最後部分，是與你的團隊及 HR 部門進行一次匯報會議（debriefing session），主要目的是聽取大家對於應徵者的想法，而不是由團隊討論、或以委員會形式決定要錄用誰（在合弄制組織（holocratic organizations）可能會有所不同），但仍應讓團隊成員有提出「這個應徵者絕對不行」的否決權。

請參與正式面試的每個人舉起手來表示意見：大拇指向上代表錄用，大拇指向下代表不錄用，張開手掌代表強烈推薦錄用，我的建議是只錄用被評為強烈推薦的候選人。請參與者查看他們在面試過程的筆記，並分享你對接下來要如何進行的想法。

在做出錄用決定前，問自己幾個問題：

- 這個人是否適合你現在的團隊？

- 他是否適合你心中一年後的夢幻團隊？

- 他的入職培訓會是什麼樣子？有沒有需要特別考慮的事情？

- 我能指導、激勵、培養、教練指導這個人嗎？

- 反思「我對這個人有沒有願景？」

- 需要做些什麼，才能讓他在接下來的 2 到 5 年間成為一名快樂的員工？

你得要決定是否諮詢他們提供的推薦人。在某些行業，你需要進行最終的盡職調查（due diligence），尤其是要確認候選人是否有任何待解決的官司訴訟。

最後，做出是否錄用的決定。

注意：許多公司要求候選人進行性格測試，並將結果作為評估候選人的一項因素。然而，我刻意不談論性格測試，因為基於某些原因，我並不是那麼喜歡它。[87]

步驟六：提出錄用邀請

一旦你決定錄用一位產品經理候選人，你需要準備一份正式的錄用邀請函（在你發出任何錄用邀請文件之前，請先與 HR 或法務部門核對，以確保合乎當地的法律規定）。以下是錄用邀請函應該包含的內容：

- 角色、責任以及職稱的描述與說明

- 工作時間，是否有遠端、彈性工時、在家工作等相關條件

- 薪資：基本工資 + 獎金 + 股份

- 休假：假日、心理健康日等等

- 培訓預算

- 社會福利

向你的候選人發出錄用邀請函，並在兩天後和他確認後續事宜，藉以顯示你有多麼希望他能接受邀請。確保他了解如何對產品帶來成效，並提出一次跟進的聊天或午餐會面邀請（聰明的 HoP 會在她的日曆中預留這段時間）。協助他清楚理解你的錄用邀請函內容——如果他想要協商，那是好事！掌握你能調整的範圍，剩下的任務就是更新和簽署合約了。

87　Merve Emre (September 20, 2018). Five myths about personality tests. 來源：https://www.washingtonpost.com/outlook/five-myths/five-myths-about-personality-tests/2018/09/20/3a57a8ee-b78a-11e8-a2c5-3187f427e253_story.html; Martin Luenendonk (October 6, 2019). Personality Tests Are Flawed: Here's What You Really Need to Know. 來源：https://www.cleverism.com/personality-tests-are-flawed/

職稱當然很重要，盡可能保持職稱簡單，並與公司的職務階層和架構一致。不要僅為了吸引某個候選人而打亂職稱設置，也不要將職稱與薪資掛鉤，這會限制你在後續薪資討論中的靈活性。

提醒一下，如果你的公司仍使用「產品負責人（Product Owner）」作為職稱，建議你考慮改用其他稱呼。在 Scrum 團隊中，產品負責人是產品經理擔任的角色，但這只是產品經理工作的一部分而已。[88]

薪資也很重要，我個人是給予合理薪資但不另設獎金的支持者——因為我認為長期來說獎金會扼殺動力[89]。如果你支持設立獎金，至少要確保它們與產品成功或公司的主要 KPI 相關，不要將獎金連結到個人目標或行動（例如：下一季拜訪 5 個客戶），要重視的是成果（outcomes）而不是產出（output）！

延伸閱讀

- Natalie Fratto 談為何適應力很重要
  https://www.strongproductpeople.com/
  further-readings#chapter-13_1

- 產品經理激勵薪酬的挑戰
  https://www.strongproductpeople.com/
  further-readings#chapter-13_2

---

88 如果你想了解更多，我推薦 Martin Eriksson 關於職稱的部落格文章：Martin Eriksson (July 9, 2018). Product Management Job Titles and Hierarchy. 來源：https://www.mindtheproduct.com/product-management-job-titles-and-hierarchy/

89 Jurgen Appelo (August 13, 2013). The 6 Rules for Rewards. 來源：https://svpg.com/the-vp-product-role/https://svpg.com/managing-product-managers/; Daniel Pink, *Drive: The Surprising Truth About What Motivates Us*, Riverhead Books (2011). 繁體中文版《動機，單純的力量》，大塊文化。

- The Product Science Podcast：Lea Hickman——產品管理是一項團隊運動 https://www.strongproductpeople.com/further-readings#chapter-13_3

- Adam Grant：你是給予者還是索取者？https://www.strongproductpeople.com/further-readings#chapter-13_4

- 招募產品經理的訣竅：

  - 正在招募產品經理的人必讀的 6 篇文章 https://www.strongproductpeople.com/further-readings#chapter-13_5

  - Jackie Bavaro：如何招募優秀的產品經理 https://www.strongproductpeople.com/further-readings#chapter-13_6

  - Shaun Juncal：招募優秀產品經理的 7 個提示（並且避免招募到一個厭世的產品經理） https://www.strongproductpeople.com/further-readings#chapter-13_7

  - Codrin Arsene：7 個幫助你招募完美產品經理的訣竅 https://www.strongproductpeople.com/further-readings#chapter-13_8

  - Ken Norton：如何招募產品經理——關於產品管理角色的經典文章 https://www.strongproductpeople.com/further-readings#chapter-13_9

  - Quora https://www.strongproductpeople.com/further-readings#chapter-13_10

- 更多關於面試產品經理的想法：

  - Brent Tworetzky：面試產品經理的問題和訣竅 https://www.strongproductpeople.com/further-readings#chapter-13_11

- ○ Andy Jagoe：產品經理面試問題的終極指南 https://www.strongproductpeople.com/further-readings#chapter-13_12

- 招募產品經理——最佳實踐：

  - ○ Galina Ryzhenko：招募產品經理——我們在擴編團隊的三年中學到了什麼 https://www.strongproductpeople.com/further-readings#chapter-13_13

- 書籍：

  - ○ *Hiring Product Managers: Using Product EQ to go beyond culture and skills* by Kate Leto，無繁體中文版

  - ○ *Emotional Intelligence* by Brandon Goleman，無繁體中文版

CHAPTER 14

有效的入職流程

- 入職培訓的基礎

- 我對入職培訓的建議

- 分階段的入職培訓方法

在錄用了令人充滿期待的新產品經理之後，你需要投入一些時間讓他們上手——包括之後你將和他們一起做的所有事情。然而，許多產品組織和負責管理的 HoPs 在這一點上經常是失敗的。雖然我沒有針對產品組織的具體統計結果，但這裡有些企業入職培訓的關鍵數據可以參考：

- 擁有標準入職培訓流程的組織，新員工的生產力會提高 50%。

- 69% 的員工在經歷了設計良好的入職培訓後，待在公司三年以上的機會將會提高。

- 22% 的公司沒有正式的入職培訓計畫。[90]

90　Christine Marino (January 13, 2016). 18 Jaw-Dropping Onboarding Stats You Need to Know. 來源：https://www.clickboarding.com/18-jaw-dropping-onboarding-stats-you-need-to-know/

如你所見，做好入職培訓的組織不僅能從新員工身上獲得更高的生產力，而且絕大多數人會在這間公司工作三年以上的時間，這對公司而言顯然是雙贏的情況，對於員工以及獲得更好產品的顧客來說也是如此（對於必須應對這所有事務的主管而言亦然）。

然而，問題依然存在，將近五分之一的公司根本沒有正式的入職培訓計劃。根據我在產品組織的經驗，HoPs 在招募和錄用優秀產品經理上花費大量時間之後，常常只用極少的力氣關注產品經理入職培訓這個重要任務。

這絕對是個錯誤。在某些情況下，也許這就是組織及其交付產品的致命傷。

入職培訓的基礎

首先，讓我們先建立共同理解。根據人力資源管理協會（SHRM）的定義，入職培訓是「讓新員工與公司和文化融合，以及為他提供所需工具和資訊，以幫助他成為具備生產力的團隊成員之過程。」[91] 當你為新雇用人員做好入職培訓，帶來的最終結果是一位能夠對你的工作方式、產品團隊以及他們負責的產品產生重大影響的產品經理。Steve Jobs 曾經說過：

> 「既然聘請了聰明的人，卻還得要告訴他們該做什麼，
> 這是完全不合理的。」[92]

對你的新任產品經理進行妥善的入職培訓——整個過程至少需要一個季度，有時可能還更長——就是為他在組織裡的成功提供強健基礎。

91　Roy Maurer (n.d.). New Employee Onboarding Guide. 來源：https://www.shrm.org/resourcesandtools/hr-topics/talent-acquisition/pages/new-employee-onboarding-guide.aspx

92　Steve Jobs, *Steve Jobs: His Own Words and Wisdom*, Cupertino Silicon Valley Press (2011)

我對入職培訓的建議

關於入職培訓有個好消息是，它的過程不一定要非常複雜。事實上，我對入職培訓的建議相當簡單：

- 在你的新任產品經理入職培訓上投入與招募他們相等的時間。

- 留下好的第一印象：為他們的第一天做好準備（包含門禁在內的各種權限、抵達時應聯繫的人、硬體設備等等）。

- 思考他們需要學習或知道些什麼，以幫助他們盡快地做出「第一個有根據的決定」（first educated decision）。

- 建立入職培訓計畫——不要為每個新加入的成員重新設計流程！（把其他人找進來，例如團隊裡的產品人員同儕，做為他們的入職培訓伙伴。）

讓我說明一下為什麼這很重要。身為產品部門最高主管，你希望確保組織做出的投資獲得保障。招募和聘請產品人員對任何企業來說都是一項巨大的財務投資，一旦他們到職之後，投資成本就會繼續增長。若一位有前途的產品經理在被錄用後，因為經歷了不良的入職培訓，導致表現不佳或甚至決定離開，這將會造成你最不想看見的投資損失。

此外，你希望持續縮短新人創造價值之前所需的時間——也就是加快下圖中曲線進到正價值區域的速率。一個好的入職培訓計劃將讓你的新任產品經理更快達到熟練的程度，並在新的角色中獲得全面發揮。

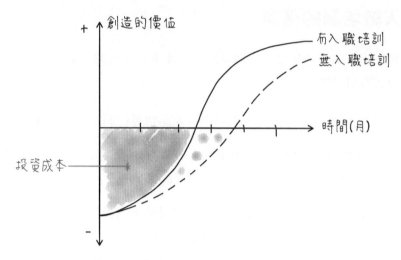

圖 14-1：招募和入職培訓新人是一項投資，
你希望他可以盡快開始創造價值。[93]

最後，作為 HoP，你需要展現人性（也就是不做混蛋），並對你的新任產品經理抱有同理心，他們正試圖了解你的公司和團隊文化、建立新的關係以及掌握組織中的行為準則。幫助你的新員工克服這個尷尬時期是一個讓你展現深刻人性的行為——這可以讓新人們感受到你的關心，並為你們未來所有的互動定下基調。

我發現，大多數產品部門最高主管在招募和尋找團隊所需的人員方面做得非常出色。他們的組織中通常有一個結構良好的招募流程，在面試和決定錄用人選方面也有適宜的嚴謹性。然而，在新的產品經理第一天到職後，HoP 就忘記了他們——任由他們自生自滅。

讓我來介紹一個對我而言很有效的入職培訓流程，也請根據你的需求自由進行調整。

93　Michael Watkins, *The First 90 Days: Proven Strategies for Getting Up to Speed Faster and Smarter,* Harvard Business Review Press (2013). 繁體中文版《從新主管到頂尖主管：哈佛商學院教授教你 90 天掌握精純策略、達成關鍵目標》，商業週刊。

分階段的入職培訓方法

正如我在本章開始時所說，入職培訓是個至少需要一個季度或更長時間的過程。隨著時間的推移，你的新任產品經理在入職培訓過程中逐漸進步，他或她將變得更加熟練、高效並完全融入你的團隊。這個過程原本就很適合分階段進行，我建議你可以將入職培訓過程分為四個部分：

- 第一天

- 第一週

- 第一個月

- 第一個季度

讓我們進一步討論每個部分。

第一天

你的新任產品經理到職日是非常令人興奮的一天。有句話是這樣說的——你只有一次機會讓人留下良好的第一印象——所以要確保這印象是好的！

在與這位新員工的第一次會議開始時，打開你的行事曆，向他展示你已經安排了你們未來的會議時間。一開始是每日會議，然後是每兩天一次，以及之後固定頻率的一對一會談。從第一天開始就讓你的新任產品經理掌控主動權，舉例來說，告知他要負責選出下週狀態更新會議的主題。

確保他們盡早接觸到顧客。為他們預排一些可以碰到顧客的活動，例如在客服中心待個兩到三天、回覆基礎的客服問題、參與易用性測試或進行一些初步的顧客訪談。

接下來，介紹他的入職培訓伙伴（onboarding buddy）——一位由你指定、幫助這位新任產品經理學習工作訣竅的同事。我認為，擁有一位培訓伙伴是整個流程最終能夠成功的關鍵。這位同事可以提供實用的資訊（例如：文具和筆記本要去哪裡拿、可以在什麼地方吃午餐），並回答一些簡單的行政問題（例如：怎麼請病假、休假規則是什麼）。

此外，一定要談到你對這個角色的期待，且要非常精確——這件事現在進行會比之後做的效果更好，因為他在未來的行為模式可能就會固定下來了。這有點類似雇用個人訓練員，他會說明人們大多想要什麼，通常可以達成什麼，以及如果想看到成果需要投入多少努力。此階段並不是針對個人——而是要凸顯出隱藏的風險和預期之外的挑戰，同時也能提供一些基本的指導方針。

第一次入職培訓會議的其餘部分，將用來討論三個特定主題：公司、溝通和協作方式。

公司

- 檢視你的組織架構及產品經理在組織中的位置

- 願景、使命、策略

- 價值觀、文化、規範、應做和不應做的事情（見圖 14-2，文化金字塔）

- 產品經理的工作範圍：他們的產品、使用者、商業案例和團隊

- 產品經理的角色定義（使用 PMwheel 評估表作為指南）

- 重要的同事

溝通

- 工具和規則（例如：公司內部的 Slack 使用方式）

- email（在後續「提升效率」的部分會談論更多）

- 會議（在後續「提升效率」的部分會談論更多）

協作方式

- 認識他們的產品開發團隊

- 認識主要的利害關係人

- 組織內的時間管理基本知識

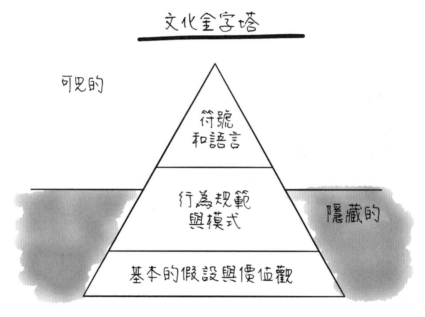

圖 14-2：文化金字塔──反思你要如何
協助他看見／探索隱藏的事物 [94]

---

94 Michael Watkins, *The First 90 Days: Proven Strategies for Getting Up to Speed Faster and Smarter*, Harvard Business Review Press (2013). 繁體中文版《從新主管到頂尖主管：哈佛商學院教授教你 90 天掌握精純策略、達成關鍵目標》，商業週刊。

最後，在第一天的會議裡，我會要求新任產品經理盡快從我身上接手一些工作，若是在一個大團隊，也可以接手同事的工作，總會有些小事可以讓他立即開始做的。我還會和他討論「做出第一個有根據的決定」的目標，他與同事或直屬主管討論後做出的大多數決定都是可以被支持的，但方法要恰當。他們應該這要說出：「我已經了解到 XYZ，這就是我為什麼會選擇 ABC。你對此有什麼建議嗎？」

新任產品經理面對狀況 / 問題時經常會說：

- 「團隊說 X，數據顯示 Y，利害關係人要我做 Z。告訴我該怎麼辦，老板。」

我希望新任產品經理做的是：

1. 描述狀況 / 問題。

2. 描述解決方案。

3. 尋求該選擇哪個解決方案的建議，或更好的是，說明他要做什麼 / 他選擇了哪個解決方案。

4. 在截止日前提供否決權與建議（如果我徹底反對提出的解決方案，就可以在截止日期之前行使我的否決權）。

第一週

在第一週時，我偏好要求每日狀態更新，接下來我會調整為每兩天確認一次狀況，最後再恢復到固定節奏的每週一次的一對一會談。

要涵蓋的主題和第一天會議相同，但你要根據產品經理的經驗，開始討論更細部的內容。我建議可以深入挖掘關於產品探索、使用者中心設計、產品交付、如何完成任務、功能發布以及個人效率的議題。

接下來提到的額外細節，是在產品經理上任第一週能夠產生最大差異的關鍵。另外還有一些我對入職培訓的想法，可以讓你的前幾次會議順利進行：

此外，關於較資淺的產品經理們⋯⋯

1. 請這些產品經理們從處理 QA（quality assurance）工作開始。讓他們與團隊待在一起，如果有 QA 人員，可以讓產品經理坐在旁邊，觀察他們在做什麼。

2. 讓他們開始處理一些產品待辦清單上的工作。請他們閱讀規格文件，並確認他們是否能理解文件上面的敘述，然後開始日常的衝刺（sprint）工作。

3. 讓他們準備衝刺和估算會議，以及管理產品上線時的利害關係人及發布相關工作。

4. 指派他們聽取使用者回饋和客服案件，並從中獲得學習。

5. 確保他們理解報告、OKRs、目標、KPI 以及產品的表現。

6. 引導他們進行第一次的探索階段工作。

7. 請他們嘗試第一次的產品路線圖規劃——這是為更長遠的未來提前計畫。

提升效率⋯⋯

在第一週的過程中，指導你的新任產品經理如何更有效率地進行會議。我們將在第 18 章〈產品人的時間管理〉中探討三種不同類型的會議——更新狀態、腦力激盪和做出決策。

培養撰寫 email 的技能，減少時間浪費，同時與同事和客戶建立更有效的連結 [95]。以下是你可以提供給他們的建議：

95　這可能有點太偏向基本常識，然而，這在大部分組織裡一直都是個問題。

- 明智地挑選 email 收件人。

- 標題：記得要說明你期望對方做什麼，以及什麼時候需要獲得回覆。

- 在內文最前面提供摘要，包括對問題或需求的簡短總結以及你的請求。

- 然後提供完整的細節，讓閱讀 email 的人有更多資訊可以參考。

此外，指導你的產品經理們在公司／團隊中如何使用對話軟體、wiki、email、Slack 等工具，包括一般預期的回覆時間和溝通禮儀——也就是組織內進行交流的不成文規定。

入職培訓的重要面向……

《從新主管到頂尖主管》（*The First 90 Days*）這本書對於如何看待入職培訓提供了一些不錯的建議，我喜歡把它當作 HoP 的入職培訓檢查清單：我是否在聚焦於學習和建立有效關係上幫助到我的產品經理？我是否在產品經理入職流程中各項重要層面提供協助，包括：

- 做出良好的決策 [96]

- 建立支持的盟友

- 獲得初步成功

- 建立有根據的策略和願景

- 提升信賴度

96　關於如何識別好的決策或支持的盟友，我推薦你閱讀 Michael Watkins 的著作《從新主管到頂尖主管》。

若答案是否定的、而且你的確還沒提供給產品經理們足夠的協助，思考一下如何好好地跟他們談談，或是在上述提及的情況中，他們應該要有什麼想法。

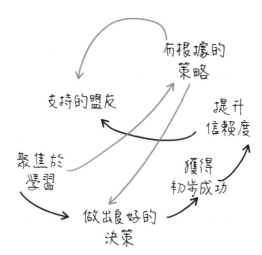

圖 14-3：產品經理入職培訓的目標以及它們如何相互受益（例如，聚焦於學習有益於制定有根據的策略，也因此幫助形成支持的盟友並做出良好的決策）

第一個月

現在你的新任產品經理已經度過了他的第一週，最簡單和最基本的問題都獲得解決。這位產品經理能夠投入工作，並迅速成為團隊中有貢獻的成員。是時候進行你們第一次的「目前為止進行得如何」會談了。

在第一個月期間，再次使用你的「好產品經理」描述（或 PMwheel 評估表），以確保你們能夠建立入職培訓過程中的明確討論架構。這些討論應該聚焦於下圖中的各項類別。

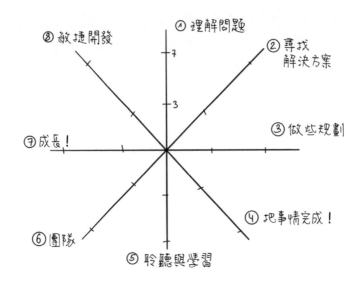

圖 14-4：在第一個月過程中可以派上用場的 PMwheel 評估表

你可以用這些問題來進行檢視：他們是否真的理解使用者的問題？你能幫助他更好地理解這些問題嗎？他們在尋找解決方案的進展如何？使用此圖表引導你們在第一個月會議中的討論。

也確保你準備好要給予的回饋並帶到會議中。在會議之前，與他的一些同事交談以收集回饋。觀察他的工作方式並收集一些相關的正面回饋，同時——如果有的話——也提供有幫助的、可行的以及與工作任務相關的負面反饋。[97]

第一個季度

很難想像吧，但你的新任產品經理已經在組織中度過了他的前三個月，現在是回顧他做了些什麼的完美時機。他是否已經開始創造價值？是否在團隊中成為一名具生產力的產品經理、或甚至是有效率且有實際貢獻的產品經理？你可以再次運用 PMwheel 評估表來促進這類討論。

97　請參考第 8 章〈追蹤績效與提供回饋〉。

雖然你在入職培訓流程中的參與度已經逐漸降低，但你的工作還沒有完成。你是否已經思考了這位產品經理的下一步——他的未來會如何發展？如果沒有，現在是做這件事的時機，並確保他知道你對他的期待是什麼。當他知道未來有什麼等待著時，就會更有安全感，並在工作上更加投入。

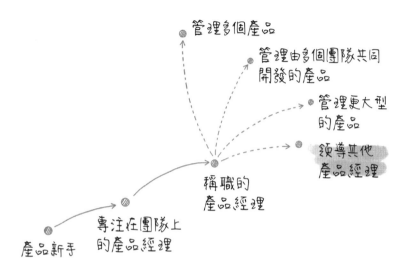

圖 14-5：典型的產品經理職涯歷程（與職稱無關）

如果他的工作上表現不佳怎麼辦？你一定要設法解決問題，不要忽視它或希望問題會自己消失，因為這不會發生。再次和他討論你的期待，並問他對於自己沒有達到這些期待的想法是什麼。設定一個明確的改善時程，如果他仍無法提升表現，你就得要在試用期間讓他離開。

如果你能有效地進行招募、錄用和入職培訓，大概就不需要擔心讓任何人離開的問題了。

延伸閱讀

- 身為產品經理的我，在新公司前 90 天學到的教訓
  https://www.strongproductpeople.com/
  further-readings#chapter-14_1

- 如何度過新任產品經理最一開始的 90 天
  https://www.strongproductpeople.com/
  further-readings#chapter-14_2

PART IV

培育發展產品團隊——
訓練出卓越人才

產品部門主管最重要的工作之一，是培育發展部門裡產品經理的技能。在這個單元裡，我們將探索你應該在產品團隊內發展的多樣技能，包括建立產品願景和設定目標、基於假設驅動的產品開發和實驗、平衡產品探索和交付、時間管理、與跨職能開發團隊合作、溝通、規劃和排定優先順序、增量和迭代、傳播產品福音（product evangelization）和說故事的能力，以及保持資深產品經理的參與度。

這個單元的章節有兩個目標：說明核心概念和提供最原始的基礎——並非我認為你不懂這些，而是為了提供一個完善的摘要，讓你在與產品經理討論該主題前可以快速參考——它是一條能幫你節省大量時間的捷徑。我希望這些章節能夠藉

由故事、隱喻、實用的插圖以及恰到好處的資訊充實你的思
維,讓你可以使用更好、更可持續及更有遠見的方式幫助你
的產品經理。

CHAPTER 15

協助產品經理建立產品願景
和設定目標

- 產品願景、策略、目標與準則

- 方法與流程

- 最後的提醒

對於一些組織來說,產品願景、策略、目標和準則是令人畏懼的事物——以至於人們經常避而遠之。有時候,公司發現付錢請外部顧問協助建立這些事物比較容易,然而它們在完成之後就被放進投影片中,雖然主管們偶爾會拿出來展示,但組織中沒有人實際在使用。

人們實在不需對建立這些事物有所恐懼——事實上,它們應該是所有產品組織的基本要素。這種恐懼為什麼存在呢?我想主要是因為人們認為這是個複雜和困難的過程。讓我分享一個 2014 年 9 月在倫敦參加 Mind the Product 會議的故事。午休時,我和一位與會者聊天,他的話從此之後一直陪伴著我並解釋了一切,他說:「一切都是關於決策。這些事物應該幫助每個人更快地做出決策。」

產品願景、策略、目標和準則提供了一個框架——也可以說是決策的護欄——讓決策過程更快，甚至也會變得更好。這樣的理解讓我對這個主題有了完全不同的視角：「建立一個更好的決策框架？這是我可以做到的事！只要我能夠真正專注於此，這聽起來並不會太複雜！」這種新視角幫助我在感受到組織對於願景、策略、目標和準則有需求時，能夠順利地建立出它們。

除了更快做出更好的決策之外，這些元素還有幾個作用。它們使決策變得更容易，因為每個人都能明瞭並專注於自己應該著手的事情。它們幫助你在探索和交付過程中過濾雜音、可用數據和應該著手的問題——包括你正在建立的假設。它們也有益於你找出下一個最佳行動是什麼，不僅是三年後要做什麼的問題，也關於現在——當下最重要的工作是什麼。

那麼，提出這些基本元素是誰的工作呢？

這是有才能的領導者該負責的工作，在大多數組織中，就是身為產品最高主管的你。在賦能產品組織中，產品經理也可能會在提出這些基本元素上扮演某些角色，在這種情況下，你可能需要指導他們如何做到這一點。這就是我決定將本章放在這個單元的原因。組織中需要一個人（也就是你或你的產品經理）來帶領團隊建立產品願景、策略、目標和準則——不是交給委員會決定，更不是由外部顧問來做。如果少了這些元素，組織就會因此缺乏焦點且決策速度緩慢。

讓我們逐一來探討這些基本元素。

願景

你為組織所建立的願景是關於目的和意義，也是為了方向一致與設定一個雄心壯志的目標。它描述了我們每天早上起床工作的原因，以及組織對於這個世界會有怎麼樣的貢獻。一般來說，先從提出使命開始，再形成一個完整的願景會比較容易。所以，讓我們從這裡出發。以運動鞋、服裝和裝備製造商 Nike 為例，它堅持的使命如下：

將靈感和創新帶給世界上的每一位運動員。

如果你有軀體，你就是一位運動員。[98]

如你所見，Nike 服務的對象——運動員——是非常清晰的，但接下來他們就將運動員定義為任何有軀體的人，因此，每個人最終都是 Nike 的顧客，而員工的工作就是不斷尋找方法將靈感和創新帶給顧客。只要能做到這一點，他們就知道自己與 Nike 的使命保持一致。

一旦有了使命，你就要開始建立公司的產品願景。產品願景是一段敘事，讓每個人都能專注在顧客身上，並說明我們希望一起完成的事情是什麼。[99]

如果你不知道從何處開始建立你的產品願景，我建議你參考 Eric Almquist、John Senior 和 Nicolas Bloch 在貝恩策略顧問（Bain & Company）開發的產品價值金字塔（product value pyramid）。這個金字塔依照四種層面的需求（社會影響力層面、改變生活層面、情感層面和功能層面）對 30 個價值元素（例如「提供希望」「賺錢」和「吸引力」）進行排列[100]。思考一下你的產品目前支持裡面的哪些價值，並看看有沒有可能實現其他更多的價值。

98　https://about.nike.com/

99　請參考 Marty Cagan 的著作《矽谷最夯‧產品專案領導力全書》，書中對於建立一個引人入勝的產品願景有更深入的討論。另外也可以參考這個很棒的願景範例：
　　https://asana.com/vision

100　Eric Almquist, John Senior, and Nicolas Bloch, "The Elements of Value," Harvard Business Review (September 2016). 來源：https://hbr.org/2016/09/the-elements-of-value

策略

有產品願景很好,但更重要的是讓願景實現。策略為我們提供了實現願景所需的工具。在理想的情況下,策略將涵蓋:

■ 我們目前所處的情況(做出診斷);

■ 為了往我們描繪的願景前進,首先得解決的困難與關鍵的商業問題;

■ 我們如何解決這些問題;以及

■ 我們因此不再做、或得要立即停止的事情

我很喜歡 Martin Eriksson 創造的決策堆疊(decision stack)模型 [101],如同下方圖 15-1 所示,階層由上往下時,在每個接續的層次問「怎麼做?」(How)。由下往上時,在每個接續的層次問「為什麼?」(Why)。[102]

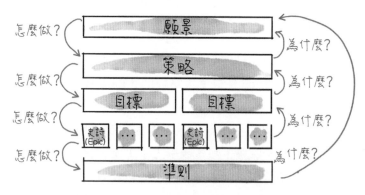

圖 15-1:Martin Eriksson 的決策堆疊模型

---

101 Martin Eriksson (May 22, 2019). The Decision Stack. 來源:
https://speakerdeck.com/bfgmartin/the-decision-stack?slide=11

102 另見 Richard Rumelt 所著《好策略壞策略》(*Good Strategy Bad Strategy*),本節後面有引用這本書,討論如何做出決策,包括我們該做什麼,以及不做什麼。

為了更清楚地了解需要做什麼，我建議你思考一下目前產品的成熟度——也就是下方幾項粗體的標題——看看這個列表能否激發出該從何處著手產品策略的想法：

- **研究與開發**：了解使用者需求，並建立能夠滿足它們的最小可行產品（minimum viable product）。

- **導入期**：與一小群使用者測試和調整你的產品，在成長前先提升產品韌性。

- **成長期**：讓產品盡可能觸及更多使用者，專注於銷售／行銷／客服／溝通／培訓／互動參與。

- **成熟期**：減少投資強度，逐步優化你的營運和商業模式。

- **退役**：如果產品的價值主張逐漸減弱，且商業模式不再可行，那麼是時候讓產品告一段落了。[103]

Richard Rumelt 在他的《好策略壞策略》（*Good Strategy Bad Strategy*）一書中提醒我們：

> 〔好策略〕不是從某個「策略管理」工具、矩陣、圖表、三角模型或填空式表格中憑空冒出的。相反地，有才能的領導者會找出現實狀況的一、兩個關鍵議題，以其作為支點，將行動和資源集中投注於此，來讓努力的效果倍增。[104]

---

103 Scott Colfer (November 21, 2019). 5 Product Management Hacks for Product Leaders. 來源：https://www.mindtheproduct.com/5-product-management-hacks-for-product-leaders/

104 Richard Rumelt, *Good Strategy Bad Strategy: The Difference and Why It Matters*, Currency (2011) p. 2. 繁體中文版《好策略・壞策略：第一本讓歐洲首席經濟學家欲罷不能、愛不釋手的策略書》，天下文化。

Rumelt 這句話做出很好的總結：制定策略是一項必須有人（有才華的領導者！）仔細考慮上述所有層面、無法規避且至關重要的工作。

目標

目標讓每個人都能衡量策略執行的成效，幫助他們知道組織正在朝正確的方向前進。在一個願景及策略的敘事裡，我認為只需專注在一到三個你最在意的重要事情上就足夠了。有些組織使用北極星指標（North Star Metric）來聚焦，也有一些使用目標和關鍵結果（OKRs），當然還有些組織什麼都沒有，因此需要從頭開始發展一套新的目標設定方式。

如果你的情況正是如此，我強烈建議你考慮「關鍵績效指標樹」（KPI trees）這個很棒的工具 [105]。首先，找出你正在追蹤的指標，然後透過組織層級的概念，引發每個人應該各自關注哪些關鍵績效指標的討論（細節請見我的部落格上關於關鍵績效指標樹的文章）。另外也建議你參考由 Google 研究團隊的 Kerry Rodden、Hilary Hutchinson 和 Xin Fu 在 2010 年提出的 HEART 框架 [106]。（見圖 15-2）

---

105 我們會在第 16 章〈假設驅動的產品開發和實驗〉快速探索這個概念。

106 Kerry Rodden (December 2, 2015). How to choose the right UX metrics for your product. 來源：https://library.gv.com/how-to-choose-the-right-ux-metrics-for-your-product-5f46359ab5be#.9wv83yhj9

HEART	目標	訊號	數據
快樂度 (Happiness)			
互動率 (Engagement)			
採用率 (Adoption)			
留存率 (Retention)			
任務成功率 (Task Success)			

圖 15-2：HEART 框架

不管你決定採用哪種方法，試著挑選一些盡可能具體、可衡量和可理解，並能對應到你策略描述之難題的事物。

準則

產品準則是幫助人們決定該做什麼的規則陳述，例如：「若在不確定時，應該要做 X 而不是 Y。」這裡有一些真實世界裡的例子：

- 「專注於使用者，其他一切將隨之而來。」——Google

- 「有了求職者之後，招募者就會跟著出現。」——Monster

- 「轉化率優先於盈利最佳化。」——Klarna

每個組織都有準則存在，但它們往往需要被找出並具體寫下來。有一個練習方式對你的產品組織很有幫助：記下你在兩週內做出的所有產品決策（如果你的產品經理參與制定這些準則，請他們也做同樣的事），然後回顧這些決策，看看它們是否依循著共同的模式。

流程

實現願景、策略、目標和準則需要一個明確定義的流程，我建議以下的四步驟方法：建立、分享、實踐、改善（如圖 15-3 所示）。在我們開始之前有件事需要確認：我的假設是這些內容由你來主導建立，而你的產品經理們協助你進行這些工作。但若這些組織重要元素是由你的產品經理負責建立，此方法仍可作為檢查清單，在你指導他們執行時提供協助。

圖 15-3：建立願景、策略、目標和準則的四步驟方法

1. 建立。 建立你的敘事——包括產品願景、策略、目標和準則——需要先觀察周圍發生的事情：檢視現狀，分析現況和需考量的現實因素。內容包括：

- 顧客、非顧客（也就是其他一般人）、行為轉變；

- 市場、產業、競爭狀況；

- 趨勢、總體情勢；以及

- 最新的科技演化。

想像一個更美好的未來，並清楚你追求的目標成果：

- 公司內部的成果：員工所需的薪資，利害關係人和股東追求的利益，顧客待滿足的需求。

- 對於世界帶來的影響：這通常是內在動機的來源。

找出你最想要且需要被解決的一到三項關鍵議題或困難的挑戰，然後基於這些議題或挑戰建立一段願景與策略敘事：

- 把這段敘事寫下來並形塑出你的故事線。[107]

- 確保這個策略是關於實現願景的方法（how），以及產品路線圖的成因（why）。

確保策略部分充滿雄心壯志、但在有利的情況下是可行的。你不會希望一開始就要求一些無法實現的事物，因而讓人失去動力。回想一下過去的產出：有多少策略相關的行動真正被落實、並對你的使用者產生影響？

2. 分享。人們通常不會花費太多心思去分享自己建立的事物，但其實應該要這麼做。我們是如何分享願景、策略或目標的？當我們實際創造出它們之後，接下來會進行哪些會議？它們一開始是如何推出的？如何確保人們真的在日常工作中使用它們？如何衡量它們是否真的加快了我們的決策、或實現了我們的其他目標？

---

107 請參考第 23 章〈產品傳道和說故事〉。

這裡有些可用於分享你所創造內容的建議：

■ 使用決策堆疊模型回顧和測試敘事內容裡的「怎麼做」和「為什麼」。

■ 從一小群對象開始分享，然後根據回饋調整敘事內容，接下來再試一次看看效果是否更好。

■ 確保敘事最終能創造清晰的理解。正如 John Maeda 所說：

$$清晰度 = 透明度 + 理解^{108}$$

○ 給人們一些時間消化它。

○ 思考一下如果團隊開始採用這些敘事，你要如何衡量採用後的成果？

■ 收集一些已經朝著正確方向進展的行動案例，特別是對於「怎麼做」和策略的部分，以及從現在開始不應該繼續進行的事情。邀請在測試階段最初採用的人分享他們的例子。這種由下而上的貢獻可以促進團隊方向一致性，並幫助預測全面公告後，人們一定會想要提出的問題。

最後，進行全員公告、做出說明並持續不斷地重複以下行動。

■ 在員工大會或類似場合隆重宣布。

■ 走訪公司各個單位，對每個團隊說明。

---

108 John Maeda (July 15, 2009). Leaders Should Strive for Clarity, Not Transparency. 來源：https://hbr.org/2009/07/leaders-should-strive-for-clar

- 重複重要的訊息。不管在什麼場合，都先從一分鐘的概述開始，
  例如：「因為我們想要實現 X，因此需要解決問題 A、B 和 C，
  這就是為什麼今天要討論 Y 這個主題。」

3. 實踐。你需要確保自己真的在實踐你建立的策略與準則。坐而言不如起而
行！將你所有的努力和行動都專注於實現這個目標，並鼓勵你的產品經理們
也這麼做。具體的作法如下：

- **檢視人員配置**。負責個別項目的人力是否反映了我們的策略？

- **要求產品經理檢視他們的目標**。這些目標是否需要調整？

- **立即停止與策略不一致的事情**。（有時候不太可能立即停止⋯⋯
  但你懂我的意思。）

- **使用策略作為產品探索流程的篩選器**。「根據我們的策略，目前
  的假設是什麼？錯誤造成的風險有多大？我們要如何最小化風
  險？」

- **調整任務看板、產品路線圖、或任何用來具象化當下與未來工作
  的工具**。檢查這些工具是否反映了策略。

- **激勵、引導、重新聚焦**。每次會議都應該以至少一句話開場，說
  明我們為什麼聚集在此，並提及目前的策略。這感覺起來好像有
  點過度溝通，但卻是必要的！如果有其他團隊實踐策略的案例，
  也請務必分享。

- **金蘋果**。往目標前行的路上，總會有如同金蘋果般難以抗拒的干擾出現。讓你的團隊知道不要因這些干擾而分心，因為終點的寶藏將會更有價值。[109]

4. 改善。設定檢視這些元素的頻率，這會因組織而異。每月進行調整的週期絕對太過頻繁，但三到五年才檢視一次又太久了。通常這些元素只需要微調，除非世界發生重大變化，這時才需做出對應的大幅度改變。無論何時，若有人說你的產品願景、策略、目標和準則應該要更新，而你也認為是時候了，那就毫不猶豫地去做吧。

最後的提醒

創造這些元素是一項艱辛的工作！再次強調，當你在建立產品願景、策略、目標和準則時，絕對不是簡單地在表格上填空就可以完成。儘管如此，我還是準備了一個模板（見圖 15-4），以幫助你在建立這些元素時捕捉各面向需考量的想法。無庸置疑，每個面向的細節你都需要再深入思考。

---

109 Christina Wodtke, *Radical Focus: Achieving Your Most Important Goals with Objectives and Key Results*, Cucina Media (2016) p. 8. 繁體中文版《OKR 最重要的一堂課：一則商場寓言，教你避開錯誤、成功打造高績效團隊》，時報出版。

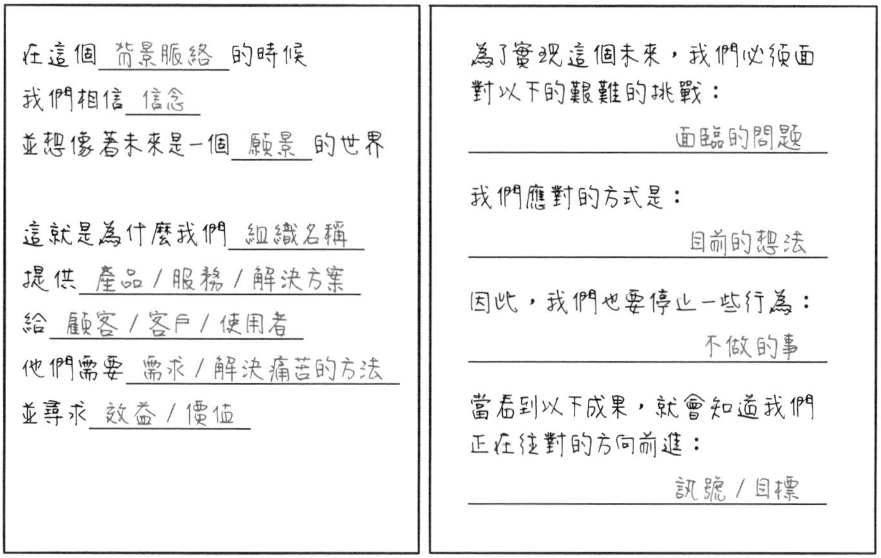

在這個 背景脈絡 的時候
我們相信 信念
並想像著未來是一個 願景 的世界

這就是為什麼我們 組織名稱
提供 產品 / 服務 / 解決方案
給 顧客 / 客戶 / 使用者
他們需要 需求 / 解決痛苦的方法
並尋求 效益 / 價值

為了實現這個未來，我們必須面
對以下的艱難的挑戰：
面臨的問題

我們應對的方式是：
目前的想法

因此，我們也要停止一些行為：
不做的事

當看到以下成果，就會知道我們
正在往對的方向前進：
訊號 / 目標

圖 15-4：一個建立產品願景、策略、目標與準則的簡易框架

在建立了你的敘事之後，問自己或你的產品經理以下問題：

- 這是否幫助我們更快地做出更好的決策？

- 這是否幫助我們專注於關鍵的業務問題？

- 這是否幫助我們說明我們的「不做」清單？

- 這是否幫助每個人了解我們的前進方向？

- 這是否給予我們努力的目標和意義？

如果你對這些問題中任何一個的回答是「否」，那麼你就知道自己準備還不
夠完整。

記住，你的產品願景、策略、目標和準則不需以光鮮亮麗的投影片呈現，在大多數情況下，一份能涵蓋這些元素的 4 到 6 頁敘述文字就足夠了。也不一定要將它們貼在辦公室的每一面牆上，只要人們能夠理解、並能在日常決策中應用它們，就是很棒的事了。

提醒：無論你用什麼方式呈現它們，重點是要不斷重複地運用這些基本元素。要讓人們看到，你的所有努力和行動都與產品願景、策略、目標和準則保持一致。確保你能做到這點。

延伸閱讀

- Marty Cagan 論產品策略 https://www.strongproductpeople.com/further-readings#chapter-15_1

- Hope Gurion 關於產品願景的 podcast https://www.strongproductpeople.com/further-readings#chapter-15_2

- 一個鼓舞人心的 KPI 精彩案例——Tristan Harris 的 TED 演講和沙發衝浪案例 https://www.strongproductpeople.com/further-readings#chapter-15_3（如果只想聽案例，請直接跳到第 8 分 30 秒）

- 由 Jim Morris 提出的 KPI 樹替代方法：將你的願景轉化為數學方程式，做出數據驅動的決策 https://www.strongproductpeople.com/further-readings#chapter-15_4

- 如果你想深入了解策略，可以參考這個網站 https://www.strongproductpeople.com/further-readings#chapter-15_5

- 目標設定的實用工具——Google 的 HEART 框架：

    - https://www.strongproductpeople.com/further-readings#chapter-15_6

- ○ 或參考 Kerry Rodden 的 Medium 文章 https://www.strongproductpeople.com/further-readings#chapter-15_7

- ■ 關於產品準則：

  - ○ Nir Gazit：使用產品準則引導出更好的產品決策 https://www.strongproductpeople.com/further-readings#chapter-15_8

  - ○ 如何定義你的產品準則——ProductPlan https://www.strongproductpeople.com/further-readings#chapter-15_9

  - ○ Stewart Butterfield：我們這裡不賣馬鞍 https://www.strongproductpeople.com/further-readings#chapter-15_10

- ■ 書籍：

  - ○ *Good Strategy Bad Strategy* by Richard Rumelt，繁體中文版《好策略・壞策略》，天下文化

  - ○ *The Art of Action* by Stephen Bungay，繁體中文版《不服從的領導學》，大是文化

  - ○ *The Art of War* by Sun Tzu，《孫子兵法》

  - ○ *INSPIRED* by Marty Cagan，繁體中文版《矽谷最夯・產品專案管理全書》，商業周刊

  - ○ *Turn the Ship Around!* by L. David Marquet，繁體中文版《當責領導力》，久石文化

  - ○ *Product Leadership* by Richard Banfield, Martin Eriksson, and Nate Walkingshaw，繁體中文版《產品領導力》，碁峰資訊

  - ○ *Drive* by Daniel Pink，繁體中文版《動機，單純的力量》，大塊文化

CHAPTER 16

假設驅動的產品開發和實驗

- HoP 需要理解的產品探索

- 掌握產品探索階段的基本原則

- 幫助產品經理了解核心概念

- 幫助產品經理增進技能

> 如果你無法充滿自信地說出為什麼人們會使用你的產品、
> 這些人是誰、是什麼使你的產品脫穎而出,
> 以及對你的企業來說、為什麼開發和提供這個產品是值得的,
> 表示你還沒準備好建構實際解決方案。
>
> ——Roman Pichler[110]

坦白說,儘管本章有著那樣的標題,但這章的內容主要都是關於產品探索。你可能會問「為什麼這章不叫做產品探索?」之所以不這麼稱呼,是因為產品探索這個術語被非常廣泛地使用,讓很多人認為自己早就懂得它是

---

110 Roman Pichler (January 9, 2018). PRODUCT STRATEGIZING TIPS. 來源:
    https://www.romanpichler.com/blog/product-discovery-tips/

什麼、而且已經做得很好了，這可能會導致有這種想法的讀者直接跳過這一章。

我不希望你想要跳過這一章，相反地，我希望你能夠讀到一些很棒的概念，讓你可以和你的產品經理討論，並能巧妙地將建造錯誤事物的風險降到最低。

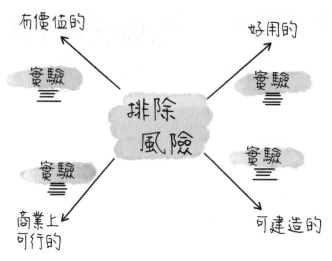

圖 16-1：你想要最小化的四大風險：建造出沒有價值的、難用的、根本無法建造或發布的、或是無法幫助到你的商業模式的事物。

我很確定你對產品探索有一定程度的了解，你的產品團隊也試圖把使用者放在一切的中心，團隊經常進行使用者訪談、易用性測試和 A/B 測試，這些是大多數公司現今已經採用的方法。但是，這些方法在你的組織中能否妥善搭配？是否像是一場精心編排的舞蹈。每個人都知道為何要做自己正在做的事、以及何時需要去做這些事？接下來對於探索能力的提升目標是什麼？

這一章的目標，是在你實施最先進的探索方法時，提供你需要了解的資訊。首先，我會讓身為產品部門最高主管的你理解產品探索是什麼。其次，我將提供一些基礎知識，讓你掌握這種以假設驅動（hypothesis-driven）的產品探索方法所需的基本要素[111]。第三，我會說明若要幫助你的產品經理了解產品探索的核心概念，有哪些是你需要知道的事。最後，我們將探究如何幫助產品經理根據他們的經驗多寡和職涯階段——無論是剛入行、資深還是介於兩者之間——找出並增進他們的技能。

HoP 需要理解的產品探索

當提到假設驅動的產品開發或產品探索主題時，最初要留意的是，找到頂尖公司的操作案例很困難。首先，大多數公司不願意分享他們的產品探索結果。其次，追蹤整個流程極為困難：公司有什麼假設？為什麼有這樣的假設？假設背後的預期結果是什麼？以及他們如何驗證結果是否符合預期？如果缺乏好的例子，要指出正確方向是非常不容易的。[112]

那麼，我們該怎麼辦呢？

事實證明，過去幾年的新冠肺炎（COVID-19）危機為我們提供了一個以全球維度進行探索、並且每一個人都能產生共鳴的絕佳案例。我們都在關注新聞、查閱不斷更新的數據，甚至成為業餘病毒學家。也看到科學家如何提出假設，並快速地進行大量實驗。讓我們藉由這個切合時宜的案例，好好地理解整個探索的流程。

---

111 我不打算在本章討論產品探索的所有核心概念。如果你想要更深入了解這個主題，有許多關於產品探索的書籍可以供你參考。

112 Teresa Torres 在 2016 年 Productized Conference 的主題演講中，對於優秀的產品探索是什麼有很棒的說明：https://www.youtube.com/watch?v=l7-5x0ra2tc

新冠肺炎全球大流行之所以是個產品探索的好案例，有以下五個關鍵因素：

- **這是一個真實存在的問題並擁有共同的目標。**新冠肺炎會導致人
  們死亡且迅速傳播——我們的目標是在不損害經濟的情況下，盡
  量減少死亡人數。

- **策略。**這個策略將做為所有想法和解決方案的篩選器。應對新冠
  肺炎的第一個策略是「降低傳播速率」。

- **跨職能團隊。**這些團隊由政治家、醫師、病毒學家、科學家、經
  濟學家、心理學家等專家所組成，一起合作解決問題。

- **團隊可使用的數據。**包括追蹤許多一開始不確定哪些可以使用、
  哪些可以作為 KPI 的數據資料。[113]

- **急迫感。**每個人都想要迅速進行實驗以了解如何解決問題，包括
  新冠肺炎如何在人群中傳播、哪些人最容易受到影響、可能的治
  療方法和疫苗等等。

讓我們依序考慮每項因素。

---

113 請參考 Our World in Data 網站：https://ourworldindata.org/

一個真實的問題和共同的目標

為了解決新冠肺炎危機，科學家們（在某種程度上，政治家們也是）採取了一種假設驅動的方法來嘗試解決問題。而且，正如你所知道的，這個問題有很多不同的層面。有關於病毒本身的問題——它能否被消滅、能否開發出疫苗、病毒能否以某種方式被控制或減緩傳播速度？然後還有社會層面的問題：人們如何避免暴露在新冠肺炎之下？如果生病了該怎麼辦？親人生病了該怎麼辦？還要考慮到醫療機構的過度負荷，以及對商業、旅行和生活中其他方面的影響。

無論如何，試圖解決問題的各界人士正在觀察他們周圍的世界，並且做出臆測。接下來，他們會將這些觀察和臆測結合起來，建立出一個非常紮實的假設，並嘗試去驗證或否定它。眼前有一個真實的問題：新冠肺炎會導致人們死亡，而且正在迅速傳播；大家有一個共同目標：降低這場危機造成的死亡人數及對經濟的影響。這是每個人都在努力尋找的平衡點，不僅是因為有太多人被感染，更重要的是找到方法避免人們因病毒致命，以及因為新冠肺炎對身體的破壞性影響而遭受長期痛苦。

策略

有了真實存在的問題和共同的目標之後，接下來就需要制定一個幫助大家應對這個問題的策略。對新冠肺炎危機的第一個回應策略是「降低傳播速率」——減少新增感染數和死亡人數增加的速率。有了這樣的策略，可以幫助思考，哪些措施對於降低傳播速率有幫助，並應該立即實施，哪些措施可能沒那麼有幫助，應該被捨棄。為什麼要降低傳播速率？因為我們想要爭取更多時間以解決問題。例如，找到一種有效的疫苗來防止進一步感染，或者讓醫院準備好迎接大量患者的湧入。策略是個非常有效的篩選器，如果某一項措施沒有降低傳播速率，也沒有為我們爭取到更多的時間，那麼它可能不是我們現在想要關注的事情。

跨職能團隊

下一步是動員全球各地的跨職能團隊來解決問題,這些團隊由具有不同專業的人員組成,例如,團隊裡有知道如何傳播消息以避免恐慌的心理學家,也可能會有政治家、醫師、病毒學家等人共同努力,找出可以採取的最佳方法和步驟。

團隊可使用的數據

接著是大量的數據,讓團隊成員及世界上大多數人可以在線上查詢與使用,並根據這些數據做出自己的判斷。然而,當你在檢視數據儀表板和圖表時,請留意數據背後的故事——你很難知道每個數據的建立機制,例如,德國的實驗室在週末不會全速檢測,因此,德國的新冠肺炎確診病例數量會在週六和週日下降,並在週一至週四之間上升。

如果你在疫情初期查詢歐洲新冠肺炎的死亡人數數據,你或許會問:為什麼西班牙和法國的死亡人數比德國多?為了回答這個問題,我們可能會做一些假設:

- 德國的檢測數量較多,所以感染者可以在感染過程的早期得到治療。

- 德國的篩檢數量較多,而西班牙和法國未被檢出的病例數量較高。

- 醫院病床數量、特別是加護病床，對病毒的致死率有影響。

- 社會制度影響病毒的傳播，例如，政府強制規定有薪病假，使兩週的隔離更容易實施。

這些假設中有哪些是真的？在開始實驗測試之前，沒有人能確定。

急迫感

最終，急迫感會出現——為了處理問題，科學家和其他人必須開始進行實驗，而且得要立刻開始。一個嘗試中的大型實驗是封城——法律強制要求人們除了少數特定情況（例如外出購買食品或到藥房取藥）之外，都必須留在家裡。在這個實驗中，沒有人知道真正的影響會是什麼——沒有科學研究證實封城有幫助。然而，作為一個實驗，封城的風險很低，而且成功的可能性很高。因為實驗初步收到的數據是鼓舞人心的，所以各地政府（有一些動作比較快）開始要求人們 #待在家裡（#stayhome）。

我們透過新冠肺炎全球大流行觀察到一個以全速進行探索的世界。沒有人知道這一切最終會如何結束，但總是有一些事情可做，包括同時啟動的許多措施：增加更多醫院床位、準備更多呼吸器、更嚴格的社交接觸規則、更多人力協助篩檢、更多人投入研發疫苗、更多公司允許員工在家工作、更多的遠端學校課程、更多的食物外送等等。

同時，每個人都在形成新的假設。衛生紙賣光了——可能是因為有人在囤積，或是因為人們一直待在家中，所以需要更多的衛生紙！探索是一個混亂的過程，就像全球各地同時進行著許多措施，這也是你在公司裡實施產品探索時的情況，許多團隊同時在進行不同的實驗，從外面看來可能像是亂成一團，但只要團隊知道他們在做什麼，那就完全沒問題。

當涉及目的是獲取知識的實驗時，總有些比較容易和另一些較困難的事情。要求人們待在家中其實是相對容易的，雖然這聽起來像是一個巨大的改變，但在剛開始時，政府機關只是單純地告訴人們要待在家裡。政府發布命令，透過新聞媒體——包括報紙、電視、廣播、網路——對外公佈，並向人們解釋為什麼待在家裡很重要。他們可能會在稍後實施罰款和其他激勵措施來讓人們留在家中，但作為第一次嘗試，告訴人們要這樣做或許就足夠了。而有些措施實施起來可能會困難得多，例如為新冠肺炎研發疫苗。同樣的情況也適用於產品團隊進行的實驗，因此，賦能每位產品經理，讓他們找出創造性方法來驗證自己的假設是很重要的。

在對抗新冠疫情的戰役中，並沒有全球性的產品領導者或專案負責人告訴人們該做什麼。這是一場高度自主、目標也高度一致的戰役，每個人都因為問題、共同目標和策略而方向一致，因為新冠肺炎對所有人而言都是真正的威脅，而這就是一致性的來源。

但這同時也存在著很大的自主性空間——也就是這些跨職能團隊要如何合作來解決問題。在關鍵的研發疫苗上，團隊組成並運用資金的方式從不曾如此具有高度自主性。這些團隊需要分配資金、人力和其他資源到最重要的行動上，每個人都專注於盡快學習，並推出關鍵的成果。而這就是假設驅動產品探索能夠成功的重要元素，團隊應該專注於盡快學習，並盡可能地產出好的成果。為了實現這一點，你需要使用最可靠的工具和最好的框架，一般來說，這些也是你已經熟悉的工具和框架。

科學家在對抗不同的病毒時，傾向使用和過去幾十年相同的流程，因為這是他們熟悉的工作方式。如果你想要改變工具、框架和方法，唯一的目的就是為了更快地學習你想要了解的事物。重點必須放在學習和成果，而這一切的核心是一種稱為假設驅動方法的科學方法。

最終，探索的目的就是提出假設並驗證它們，藉此最大化對於使用者／顧客的價值，以及對公司帶來的成效。

你需要掌握的產品探索基本原則

如果你希望產品開發團隊以假設驅動方法工作，要先確保他們有共同目標和一個可以做為篩選器的策略，同時也要擁有適合在跨職能團隊工作的人員，人們需要一點時間來適應這樣的工作方式。

要確保你的公司重視這種可能會充滿混亂的實驗文化，這也是你作為產品部門最高主管的主要工作。所以，好好地反思一下，這些準備是否到位了？如果還缺少一些必要條件，你應該在要求所有產品經理以假設驅動方法工作之前，專注於將這些準備落實到位。

如同前面的新冠肺炎探索案例所示，你的探索流程需要滿足一些基本條件才能順利運作，而讓這些條件到位是你的工作。這並非意味著你必須親自做所有事情，但你得要確保有人在做這些事。簡而言之，需要到位的條件是：

- 一個共同的目標

- 一個策略

- 合適的人員

- 給予時間進行實驗的公司文化

產品探索的核心概念

讓我們來檢視一些產品探索的核心概念。我發現，這些概念對指導產品經理非常有幫助。他們大多已經做過一些探索工作，但對於過程本身、或如何改善產品探索並沒有深入思考。而且，你知道的，總是有進步的空間。

假設驅動方法

每個假說（hypothesis）都是從觀察和一些數據資料開始。接下來，你會設定一些假設（assumptions），然後對它們進行優先級排序。有些假設若無法成立，可能對你的公司造成很大的傷害。還有一些其他的假設，即使不成立時會有點惱人，但對你的組織影響不大。進行這樣的風險評估，是產品探索排序的其中一部分。

在我見過的大多數公司中，有一件事的影響非常大，那就是認真且實際地處理你的假設。包括讓它們變得更加明確、把它們寫下來、貼在牆上、對它們進行排序，然後從中建立合理的假說陳述，再看看能做什麼來驗證或否定這個假說。這聽起來像是一個繁雜的流程，但實際上不應該是那樣，要把這些工作切成小塊來做——當前的假設是什麼？哪些最有可能實現？你要如何獲取數據、來驗證這個假設是否正確？接下來，如果數據證明假設是正確可行的，就根據這個假設開始進行產品開發；如果數據推翻了假設，那就修正這個假說，或繼續往下進行另一個假說的驗證工作。

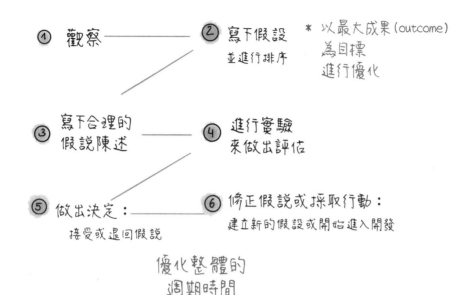

圖 16-2：假設驅動方法及啟動後的優化內容

排序假設

我經常使用 Laura Klein 建立的框架和團隊討論哪些假設最有發展前景，以及哪些假設較不明確，還需要大量的實驗、研究和學習，才能知道要不要繼續往下。[114] 以下是此框架的四個步驟：

步驟 1：寫下當前的所有假設。

步驟 2：將它們分為三類。

- 問題假設（關於使用者）。範例：作為一位<u>忙碌</u>的父親或母親，我需要<u>每月</u>的尿布外送以<u>減少</u>購物<u>時間</u>。

---

114 Laura Klein, Identify and Validate Your Riskiest Assumptions, LSC14, https://www.youtube.com/watch?v=gbArObiU1Y0

- 解決方案（關於如何解決問題）。假如我們提供一個尿布訂閱和外送到府的平台，可以解決這個問題。

- 執行（提出疑問：我們必須做什麼？一定要這樣做嗎？）。我們可以用低成本採購尿布，也可以和大型貨運公司協商一個良好的合作方案。

步驟 3：衡量它們

- 如果假設有誤將會造成多大的損害？或只是有點惱人？

- 我們的假設正確的可能性有多高？或是有很多不確定性，而且我們目前知道的太少、無法肯定是否正確？

步驟 4：我們要測試什麼？使用圖 16-3 的圖表來決定哪些假設要測試、哪些要捨棄。

- 很明顯地，我們應該投入更多的時間和資源，對於不太確定、可能會造成災難性後果的假設進行探索（下圖中位於範圍 1 的部分）。

- 我們也該反思屬於不確定 / 惱人程度的假設：如果它們展現出巨大的潛力，也許可以稍微嘗試一下。如果它們沒那麼大的潛力，那就直接放棄。

- 最後還有一個重點，反思那些可能帶來災難性後果、但最有可能是正確的假設。思考一下我們願意承擔多少風險——也許我們對於安全的重視勝過於可能導致後悔的結果？在這種情況下，應該對下圖範圍 2 的假設進行一些實驗。

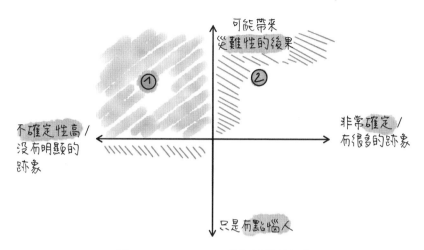

圖 16-3：Laura Klein 的假設驗證框架

希望這些概念能夠幫助你捨棄部分想法，對其中某些想法進行調整，以及找出一些看起來非常有價值的想法，接著你就可以開始採取行動——進到開發階段。

撰寫假說陳述

現在是時候撰寫一些合適的假說陳述（hypothesis statements）了。這會幫助你的產品經理和團隊達成共識，確認如何衡量成效、何時停止研究、以及何時做出決定並進入下一步。就像假設有三種類型（問題、解決方案和執行），假說陳述也有三種，分別是驗證問題（有價值的）、驗證解決方案（商業上可行且好用的）和驗證執行（可建造的）。以下是我為每種類型提供的模板：

我們相信對某角色（persona）而言，**這個問題 / 挑戰**是真實存在的，解決它將帶來……（顧客行為和公司獲益）。如果……發生，我們就知道這是正確的。

我們相信**這個解決方案**（針對角色 Y 擁有的已驗證問題 X）將為角色 Y帶來價值。如果……發生，我們就知道這是正確的。

我們相信**執行**這個為了幫助角色 Y 的解決方案 A，將帶來我們期待的價值。如果……發生，我們就知道這是正確的。

「找出正確的想法」相對於「讓想法變得正確」

我在與產品經理討論產品探索時，偏好的另一個心智模型是 IDEO 的雙鑽石模型，如下圖所示。[115]

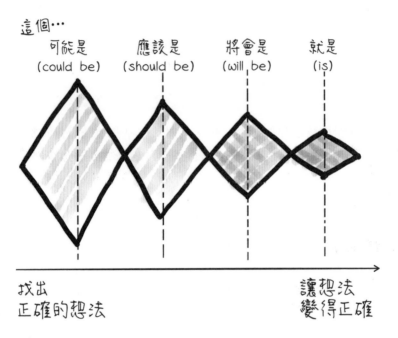

圖 16-4：IDEO 的雙鑽石心智模型

115 Mike Peng (n.d.). To Unlock Innovation, Guide Your Team Through Creative Collaboration. 來源：https://www.ideou.com/blogs/inspiration/to-unlock-innovation-guide-your-team-through-creative-collaboration；還有其他可以使用的方法，例如：
Dan Nessler (2016). How to apply a design thinking, HCD, UX or any creative process from scratch. 來源：https://medium.com/digital-experience-design/how-to-apply-a-design-thinking-hcd-ux-or-any-creative-process-from-scratch-b8786efbf812

這個模型有助於理解在問題空間（找出正確的想法）與解決方案空間（讓想法變得正確）之間進行探索的區別，並說明了這兩個階段之間的發散（展開思路）和收斂（縮小範圍）過程。而「可能是什麼？應該是什麼？將會是什麼？」在一對一會談中非常好用，例如「跟我說說在你的產品探索流程中，想法 XYZ 處於哪個階段？」這個模型闡明了早期探索與晚期探索的差異，同時也有助於向管理層解釋這個流程。

不要只根據單一實驗／數據做決定

我看過許多公司僅執行一次 A/B 測試，然後就根據這次測試的結果做出決定，或是進行了三次使用者訪談，接下來三個月的所有決策都是基於這些訪談結果。[116] 這並不是正確的做法。我喜歡 Henrik Kniberg 曾說過的話：「你必須找到一些支持你做出決定的數據，以及獲取使用者回饋，而且你必須聽從自己的直覺。如果這三者都符合你的想法，那就繼續前進；如果有其中兩者符合，那算是一個強烈的信號；如果只有其中一項支持你的觀點，那就得再多做些研究。」[117]

關於直覺的部分我想再補充幾句：要培養一名產品經理或開發團隊的直覺需要一些時間，他們從顧客、公司和這個世界獲得的所有學習，都有助於建立這種直覺。這就是為什麼你不應該外包探索工作，因為如果這麼做的話，其他人——可能是根本不在乎這個產品的人——就是在代替你學習未來你將會需要的知識。

謹防瀑布式開發

產品探索必須以現代化的開發方式進行。開發團隊從過去的將軟體燒錄到 CD，進化到每年發布新功能兩次，到每月一次、每周一次、每天一次，直

---

116 https://www.nngroup.com/articles/why-you-only-need-to-test-with-5-users/

117 James Gadsby Peet (October 25, 2019). Minimise the Gap Between Maker and User by Henrik Kniberg. 來源：https://www.mindtheproduct.com/minimise-the-gap-between-maker-and-user-by-henrik-kniberg/

到持續不斷地發布。產品探索理想的進行方式是：使用第 18 章〈產品人的時間管理〉中對於岩石、鵝卵石、沙子的時間管理框架，建立一個超輕量的沙子處理流程，同時為岩石和「危險的」鵝卵石執行更多的探索工作[118]，並為鵝卵石建立一個精實流程（lean process）。

將大型的探索工作切割成小塊，以便不斷產生洞察並做出立即決策。就像新冠肺炎例子一樣，你不能等到擁有完整資訊後才行動。你要對那些證據充足的事——那些你確定有價值、容易使用、可建造和商業上可行的事情——盡快開始進行處理。

或者，正如 Marty Cagan 所說，探索和交付是雙軌模式——總是同步進行、持續取得進展、持續發布與持續學習。[119]

關注成果和加速學習

我們應該把重點放在探索過程中能否快速學習，或是要調整探索方式，才能讓學習更快發生。我們是否對成果不斷進行優化？也就是說，確保不是只為了執行探索工作而探索。在一對一會談中詢問你的產品經理，他們如何確保接下來的幾次探索會比之前產生（對於使用者和公司而言）更好的成果。你可以這樣問：「有什麼方法可以讓你在探索過程中最大化成果？」藉此得知他們如何加速學習。

好的回答包括：

- 我們會學習得更快，因為我們的直覺隨著學到的一切持續成長。

- 我們會學習得更快，因為我們有一個經過驗證的流程，以及熟悉的工具和框架。

---

118 這個框架將任務按大小劃分：非常大的（岩石）、較小的（鵝卵石），和非常小的（沙子），並規定了應該按照哪種順序來處理它們。

119 Marty Cagan (September 17, 2012). Dual-Track Agile. 來源：https://svpg.com/dual-track-agile/

- 我們會學習得更快，因為我們將要嘗試一個非常具有可行性的新框架，它會讓我們加快學習速度。

幫助你的產品經理增進技能

進行產品探索的工具與方法有很多種，而裡面有些特別管用。因此，作為產品部門最高主管，你需要花點力氣幫助你的產品經理，增加更多可派上用場的工具與方法，並學會如何妥善地運用它們。以下是一些最重要的部分：

如何處理數據

對於產品經理來說，學會如何處理數據特別重要。我想要介紹的方法是北極星指標（North Star metric）、關鍵績效指標樹（KPI trees）、以及非常重要的資料研究（desk research）。根據我的經驗，很多人根本沒有進行資料研究，然而，有什麼理由不去查看已經存在、且與你的題目相關的數據呢？

作為 HoP，你要找到一個全公司都能用來建立一致工作目標的北極星指標。不！營收並不是適當的北極星指標，北極星指標反映的是交付給顧客你所承諾的價值。網路上有許多如何找到公司層級北極星指標的好文章，所以這個主題就讓你自行探索了。[120]

關鍵績效指標樹是一個強大的工具，可以帶來透明度、方向一致性和對目標的專注。它並不是什麼艱深的火箭科學——只是一種可視化你正在追蹤與優化之事物的方式。它可以幫助你理解你追蹤和優化的事物中，哪些是領先及哪些是落後指標（leading or lagging indicator）。你的北極星指標——也就是你主要的關鍵績效指標——將會被放在樹的頂端，然後提出這個問題：「哪個數據指標直接影響我們的北極星？」把它記下來，然後思考這個關聯是否已被證實？是否真的在影響北極星指標？如果答案是肯定的，那麼就從

---

120 請參考本章的「延伸閱讀」，有些不錯的內容可以參考。

該數據指標畫一條實線到北極星，如果是否定的就畫一條虛線。繼續這麼做，直到你正在追蹤的所有事物都被整合到樹中。以下是一個範例：

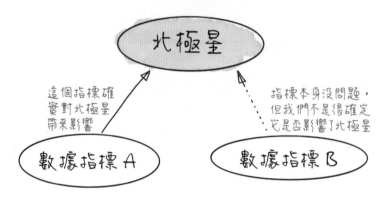

圖 16-5：一個簡單的關鍵績效指標樹範例

經常有 HoPs 問我一些問題，像是如何幫助產品經理提出新的想法和假設？如何找到需要解決的重大問題？以及如何提出創新的解決方案等等？我總是簡短地回答：「請他們做些資料研究：找一些統計數據、研究資料等等作為參考。」

如果產品經理們運用一些時間去了解競爭對手做了什麼，研究產業當前的動態和宏觀的總體趨勢，以及知道如何找到特定使用族群的數據（例如教師的總人數、退休人員的數量等等），他們就有機會在產品探索的發散階段中發揮創意，並能找出模式與提出新的假設。

如果團隊中有人特別擅長使用數據來說故事、促進決策和提出假設，你也可以請他指導其他團隊成員。

訪談技巧

產品開發團隊的每個人都應該知道如何進行訪談。無論他們預計進行的是利害關係人訪談或使用者訪談，都有許多需要注意的地方。幸運的是，有些非常聰明的人已經在文章和書籍中總結了這些注意事項。[121] 我的簡短結論是：如果訪談做得正確，它會是獲取洞察的最佳來源，但如果你不知道如何正確地進行訪談，那麼訪談的結果將使團隊走上錯誤的道路！

關於「人」的知識

讓我快速地提出一些對於產品開發有幫助的概念。

如果團隊處於產品探索的「找出正確想法」階段，「價值金字塔」可以幫助他們找到一個需要被解決的好問題。[122] 若是他們（至少對於產品經理和設計師）了解是什麼在激勵著人們，將會有助於回答「但他們為什麼會這樣做呢？」的問題。例如：你想在平台上建立一個求職看板，但一般公司為什麼會想要使用它呢？

一般人使用新產品是因為它提供了價值。根據價值金字塔，產品和服務提供了基本價值元素，以滿足四種層面的需求：功能層面、情感層面、改變生活層面和社會影響力層面。一般來說，提供給顧客的元素越多，他們對於產品或服務的忠誠度就越高，公司的持續收入增長幅度也會越高。

了解基本的行為經濟學理論 [123] 或是人們如何形成習慣是有幫助的。有些基本概念很實用，例如 Barry Schwartz 在《選擇的弔詭》（*The Paradox of Choice*）一書中提到一件事實：你擁有的選擇越多，要做出好的決定就越困

---

121 參閱本章的「延伸閱讀」，其中包含一些精選文章和一本供你參考的書籍。

122 Eric Almquist, John Senior, and Nicholas Bloch, "The Elements of Value," Harvard Business Review (September 2016). 來源：https://hbr.org/2016/09/the-elements-of-value

123 (n.d.) Behavioral economics. 來源：https://en.wikipedia.org/wiki/Behavioral_economics

難；此外，若你的選擇越多，無論最後做出什麼決定，你都會越不快樂。[124]
在團隊開始構思解決方案時（例如，選單上要有幾個選項、產品列表頁一次
顯示多少品項等等），知道這些概念是有幫助的。在整個探索流程中，每個
參與者都應該意識到自己可能存在偏見 [125]，且必須不斷地對抗它們。

數位產品和商業模式

另一個重要的知識領域是各種類型的商業模式及主要驅動因素，包括軟體即
服務（SaaS）、電子商務、廣告、訂閱平台等等，這些商業模式的本質都不
同 [126]。反思這對你的經營模式意味著什麼，可以激發新的想法（問題空間）
並啟發創新的解決方案（方案空間）。有時候調整商業模式、或在現有的業
務以外增加一個新領域，你就有機會解決一個更大的顧客問題。例如：內容
供應商在販售內容之外，也會對企業客戶出售廣告空間。

聽起來可能有點意外，但經常發生的事情是，當我在與產品團隊的第一次會
議中畫出下方這個漏斗模型時，出現過的情況包括（a）他們從未見過這樣
的東西（b）不知道從哪裡獲得漏斗中每個步驟所需的數據（c）當開始收集
數據時，他們發現從來沒有人試著將這些數據視覺化。所以，請確保你的產
品經理知道什麼是漏斗、如何優化轉化率及流量、甚至是如何使用成長駭客
這個方法論。[127]

---

124 Barry Schwartz, *The Paradox of Choice: Why More Is Less*, Ecco (2004). 繁體中文版《選擇
的弔詭》，一起來出版。

125 Cognitive bias cheat sheet,
https://medium.com/better-humans/cognitive-bias-cheat-sheet-55a472476b18

126 請參閱本章的「延伸閱讀」，其中包含了網路商業模式相關的精選文章。

127 Sean Ellis and Morgan Brown, *Hacking Growth: How Today's Fastest-Growing Companies
Drive Breakout Success*, Currency (2017). 繁體中文版《成長駭客攻略》，天下文化。

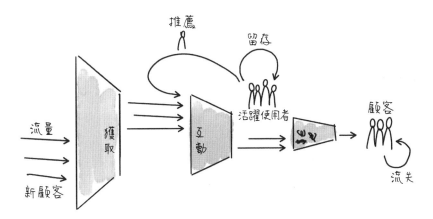

圖 16-6：利用漏斗模型來視覺化新顧客的獲取流程

實驗類型及適用情境

產品經理可以發起各種類型的實驗，有些實驗得到的只是幫助驗證假設正確與否的線索（使用者訪談），有些則是提供強而有力的證據（假門測試）；有些實驗設置起來較為複雜（嚴謹的 A/B 測試），有些需要花點時間準備（使用原型進行的易用性測試），但也有不需太多力氣即可立刻進行的實驗方式。鑒於這方面有許多優秀的文獻，我不想在這個主題上浪費太多篇幅，以下是我建議先讓你的產品經理閱讀的書籍（如果你自己也還沒讀過，請務必先找來閱讀）：

- David Bland & Alex Osterwalder，《商業構想變現》（*Testing Business Ideas*）

- Eric Ries，《精實創業》（*The Lean Startup*）

- Jake Knapp，《Google 創投認證！SPRINT 衝刺計畫》（*Sprint*）

鼓勵他們嘗試這些書中提到的一些實驗,並確保你的組織擁有能夠包容學習和實驗的文化!

記錄和分享洞察與結果

許多人十分著迷於談論方法論和框架。

如果你的產品團隊仍在爭論哪種方法最適合他們,你需要確保他們理解探索的核心概念,因為重點永遠不在於方法論本身。如果「使用者故事地圖」[128]對你的某位產品經理來說是一個很好的工具,而其他產品經理都在使用「JTBD」(jobs to be done,用途理論)[129],那也沒問題。關鍵在於盡可能地快速學習,同時將價值傳遞給顧客,為了達到這個目的,他們必須與更多人分享在產品探索上的洞察。

因此,人們並不需要一個萬能的解決方案,只要產品經理們能夠展示與談論他們的顧客分群(customer segments)——關於顧客他們知道些什麼、他們的假設是什麼(人物誌可能有幫助)、顧客可能會有或已經面臨的問題(有些人使用故事地圖來表示,也有些人偏好 JTBD)、以及潛在的解決方案(可能是一段影片或一種視覺類型)——那麼你們就已經做得很好了。

規劃和引導探索流程

有些我提過的框架也可以用來引導探索流程。舉例來說,故事地圖經常被用來記錄使用者需要什麼,同時也可以透過對於故事項目的不同顏色標記,來讓團隊知道何時會開始深入探索這個項目。

另一個很棒的方法是 Teresa Torres 的機會解決方案樹(opportunity solutions trees),它透過視覺化的圖表,展示了整體目標、每個人對於機會的假設、現有的潛在解決方案以及團隊想要進行的實驗。藉由實驗獲得的證據,可以

---

128 Jeff Patton with Peter Economy, *User Story Mapping*, O'Reilly Media (2014). 繁體中文版《使用者故事對照》,碁峰資訊。

129 Anthony Ulwick, *Jobs to Be Done: Theory to Practice*, Idea Bite Press (2016)

幫助團隊做出開始或停止某個項目的決策。如果上述內容是你期待的工作方式，這個方法就是一個完美的探索流程路線圖。

我一向認為，使用任務看板來展示探索工作的狀態和進展是必要的，我們將在下一章詳細探討這個主題。

延伸閱讀

- 假設驅動的產品開發方法

    ○ Sylvia Lai：5 步驟實現假設驅動的設計流程 https://www.strongproductpeople.com/further-readings#chapter-16_1

    ○ Karl Popper：可否證性（Falsification） https://www.strongproductpeople.com/further-readings#chapter-16_2

    ○ 無所畏懼的產品領導力 podcast https://www.strongproductpeople.com/further-readings#chapter-16_3

- 如何找到公司層級的北極星指標

    ○ Ward van Gasteren：什麼是北極星指標 https://www.strongproductpeople.com/further-readings#chapter-16_4

    ○ Sandhya Hegde：每個產品都需要一個北極星指標 https://www.strongproductpeople.com/further-readings#chapter-16_5

    ○ Mixpanel：什麼是北極星指標？ https://www.strongproductpeople.com/further-readings#chapter-16_6

- 領先指標和落後指標

    ○ KPI Library https://www.strongproductpeople.com/further-readings#chapter-16_7

- The Business of IT Blog https://www.strongproductpeople.com/further-readings#chapter-16_8

■ 如何進行訪談

- Veronica Cámara：提升使用者訪談品質的 6 個技巧 https://www.strongproductpeople.com/further-readings#chapter-16_9

- Teresa Torres：為什麼產品三人組應該一起訪談使用者 https://www.strongproductpeople.com/further-readings#chapter-16_10

- Teresa Torres：為什麼你的使用者訪談問題是錯的 https://www.strongproductpeople.com/further-readings#chapter-16_11

- Nick Babich：如何正確進行使用者訪談 https://www.strongproductpeople.com/further-readings#chapter-16_12

■ 網路商業模式

- 哈佛商業評論：數位商業模式的獲利之道 https://www.strongproductpeople.com/further-readings#chapter-16_13

- Boris Veldhuijzen van Zanten：9 種網路商業模式 https://www.strongproductpeople.com/further-readings#chapter-16_14

- Andrej Ilisin：時下最流行的 11 種網路商業模式 https://www.strongproductpeople.com/further-readings#chapter-16_15

■ 書籍：

  ○ *The Lean Startup* by Eric Ries，繁體中文版《精實創業》，行人

  ○ *Predictably Irrational* by Dan Ariely，繁體中文版《誰說人是理性的！》，天下文化

  ○ *The Art of Thinking Clearly* by Rolf Dobelli，繁體中文版《思考的藝術》，商業周刊

  ○ *Testing Business Ideas* by David Bland & Alex Osterwalder，繁體中文版《商業構想變現》，天下文化

  ○ *Interviewing Users* by Steve Portigal，無繁體中文版

  ○ *Trustworthy Online Controlled Experiments* by Ron Kohavi, Diane Tang & Ya Xu，無繁體中文版

  ○ *Escaping the Build Trap* by Melissa Perri，繁體中文版《跳脫建構陷阱》，碁峰資訊

CHAPTER 17
平衡產品探索與產品交付

- 理想的一天

- 理想的一週

- 理想的一個月

- 理想的一季

- 產品管理任務看板

在 一個產品組織中，身為 HoP 的你和你的產品經理們，必須不斷地在產品探索（該建造什麼）和產品交付（把它建造出來）之間取得平衡。如果前者做得太多，你將永遠無法完成任何產品；如果後者做得太多，你可能會陷入以正確的方式建造錯誤產品的困境。

即使是最資深的產品經理，也得持續努力在一些「邪惡力量」中找到平衡。首先，他們必須防止功能蔓延（feature creep），不斷地對那些無法推進目標 / 關鍵績效指標、或無法對使用者的生活帶來重大影響的事情說不。其次，他們必須保留足夠時間進行深度思考，這意味著不要一整天都在開會。最後，他們必須確保自己不是在自我滿足，舉例而言，不要因為開發人員已經

沒事做了，而且待辦清單裡也沒有其他重要項目，就隨意指派無關緊要的任務給開發人員。

身為 HoP，你需要對你的初級 / 助理產品經理提供指引，以確保他們不會陷入這些陷阱當中。但即使是有經驗的產品經理，有時也無法正確地平衡產品探索和產品交付，所以你需要留意的不僅是那些新手，還包括組織中的每個人。

請記住，產品探索與交付的比例沒有所謂正確答案，只要不是太過極端就好。一切都是關於找出適當的組合，這取決於你的組織、人員和正在建造的產品。但請記住一點：確保你在建造正確的事物，遠比只是把事物建造出來更重要。正如同我們的好朋友 Albert Einstein（每本技術書都需要引用一段愛因斯坦的話，對吧？）曾說過的：

> 如果我有一個小時可以用來解決問題，
> 我會花 55 分鐘思考問題本身，5 分鐘想解決方案。[130]

我發現一個非常有效的方法，就是要求產品經理反思他們如何在自己的一天、一週、一個月和一季當中平衡探索和交付。此外，任務看板也是找出這種平衡並維持住的重要工具。在本章中，將提到這裡所說的每一種方法。請注意，我會使用第 4 章〈你所定義的「好」產品經理〉的 PMwheel 分類（在圖 17-1 中列出），來對不同的產品經理工作進行討論。

---

130 來源：https://www.goodreads.com/quotes/60780-if-i-had-an-hour-to-solve-a-problem-i-d

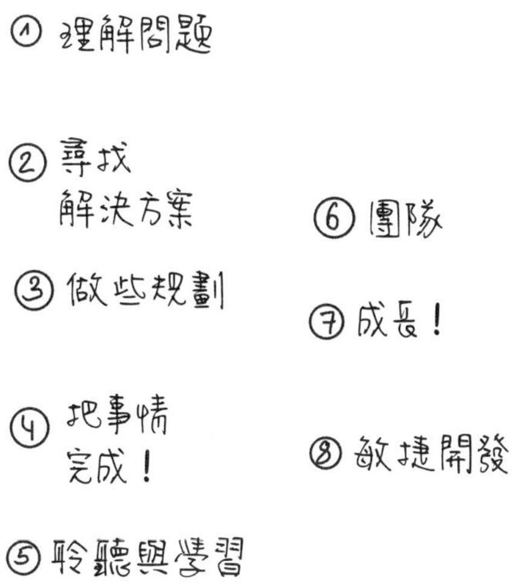

① 理解問題

② 尋找
解決方案　　　⑥ 團隊

③ 做些規劃　　　⑦ 成長！

④ 把事情
完成！　　　⑧ 敏捷開發

⑤ 聆聽與學習

圖 17-1：PMwheel 分類

理想的一天

為了讓你的產品經理們能夠正確地平衡產品探索和產品交付，確保他們每天的行程安排得當，是最優先且最容易的部分。請你的產品經理反思，他們是否有足夠的時間深度思考與學習、進行使用者訪談、研究數據、建立新假設以及與團隊進行腦力激盪會議等等。這些是與 PMwheel 第 1、2、3、5 項相關的事項，通常需要較完整且不間斷的時間才能順利進行。

若要把這件事做對，意味著不要整天都困在會議中。如圖 17-2 所示，正確的平衡大約是 50％探索和 50％交付。重點不在於每天做了哪些事情，更重要的是你是否安排了「創作者時段」（maker time），並把這段時間用在與產品探索相關的任務上。[131]

---

131 參考第 18 章〈產品人的時間管理〉了解更多關於管理者與創作者的行程表。

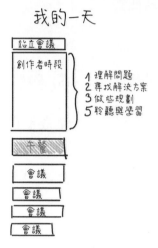

圖 17-2：理想的一天

理想的一週

為了確認你的產品經理們怎麼規劃一週的工作，首先，請他們回顧過去六週的行程，然後和他們就以下題目進行討論：

- **他們是否每週都接觸到顧客／使用者？**如果沒有，鼓勵你的產品經理在行程表中預留時間，以進行這項基礎工作，或是幫助他們排除做這件事的障礙。我個人堅持，每週至少要有一次和顧客／使用者接觸的機會，可以是簡單的「聆聽與學習」活動，例如閱讀一些手機應用程式商店上面的評論，或者打個電話給兩三位死忠顧客，問問他們對你最新發布的產品有什麼看法。

- **他們是否有參考使用者數據，對現有假設進行調整，或建立新的假設？**產品經理每週至少要檢視一次人們是如何使用產品的，並藉此提出新的想法／假設來進行研究。

- **他們是否有檢視目標的當前數據與進展況狀？**產品經理每週至少要檢視一次績效數據（success metrics）的表現，藉以得知產品的表現如何？人們是否按照預期在使用產品？公司業務營收是否一切順利？

- **他們是否有花時間和團隊相處？**產品經理每週有多少時間和團隊坐在一起，可以隨時回答開發人員、設計師和其他團隊成員的問題？他們是否會參與其他團隊的活動，例如偶爾的桌球比賽或下班後的聚會？

- **他們是否有持續檢視和調整短程和中程計畫？**產品經理應該要每週定期檢查他們的短程和中程計畫。當前的迭代／衝刺進行得如何？我們能否按照預期規劃交付產品？我們的實驗進行得如何？接下來最重要的實驗是什麼？是否有足夠的時間進行？如果有預期之外的狀況發生，整體規劃和產品路線圖將會受到什麼影響？我們要怎麼和利害關係人與顧客進行溝通？

在這些事物之間取得平衡或許是個挑戰，然而，只要善加使用產品管理任務看板（本章後面將會介紹），產品經理和他們的團隊就可以很容易地獲得提醒，了解他們應該要做什麼，才能讓一週、一個月、有時甚至是一個季度順利進行。

理想的一個月

為了讓當月的工作順利進行，我很喜歡問產品經理們一系列問題：

- 待辦清單中是否存在著有意義的工作項目？（對使用者、公司或團隊而言具有意義）

- 這個月使用者的生活有所改善嗎？如果沒有的話，為什麼？

- 這個月有什麼關於使用者或團隊的事情，是產品經理想要了解、而目前還不了解的？

- 有什麼方式可以改善探索流程，藉以加速學習或是提升探索的品質？（讓開發出來的產品比上個月更具潛力）

- 這個月有多少想法可以被丟到「想法垃圾桶」中？（我將在後面提到任務看板時詳細說明）

- 我們是否為了加速開發新功能，累積了更多的技術債？如果是的話，我們如何恢復到健康的平衡狀態？

理想的一季

為了確保產品探索和產品交付之間的平衡，產品經理能夠做好一整季的規劃也是很重要的。我發現以下三種練習特別有幫助：

- **繪製這一季的時間分配圖**。讓你的產品經理反思他們想要分配多少時間給「理解問題」、「（與他們的開發團隊一起）把事情完成」以及 PMwheel 的其他類別，確保在這些類別之間保持某種平衡。圖 17-3 是一個範例，展示了如何運用八個 PMwheel 類別，幫助你繪製出這一季的時間分配圖。

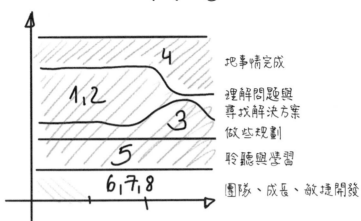

圖 17-3：運用八個 PMwheel 類別來畫出你的一季，在季末安排更多的「把事情完成」與「做些規劃」時間，來為下一季做好準備。

- **規劃這一季**。產品經理每季都會進行一系列重複的活動，提醒你的產品經理儘早開始，並預留足夠的時間去做這些活動。更具體地說：

  - 檢視產品策略——它是否仍基於可靠的基礎之上？它是否能幫助你的產品經理決定要做什麼？如果不是，就要找時間去改善它。

  - 收集（若有需要）並檢視尚未被處理的想法，對其進行機會評估。

  - 設定目標。如果你正在使用 OKRs，去檢視並設定目標（objectives），並在關鍵結果（key results）和數據指標上達成共識。

○ 留意「沙子」（我們將在下一章討論「岩石、鵝卵石、沙子」的時間管理框架）。把小型工作聚集起來——為它們保留一些時間，但不需要特別去規劃，最終你會做的事情不見得是這些。

○ 確保產品經理諮詢開發團隊，是否需要更新技術堆疊（tech stack）。

■ **核對現況**。制定了計劃之後，請你的產品經理核對現實的狀況。具體來說：

○ 檢視人員配置——團隊的人力狀況如何？計算一下，扣除假期、會議、全員大會和其他無法工作的時間之後，我們還有多少人天（person-days）？對於參與規劃過程的每個人而言，計算出的結果總是會令人感到相當意外。請讓你的產品經理再次檢查，確保有足夠時間進行探索相關任務。

○ 對你的產量（throughput）做出假設——團隊可以完成多少大、中、小型任務？[132]

○ 確保你的產品經理不會忙到焦頭爛額——計劃應該具有挑戰性，但不要好高騖遠，一直達不到目標會讓人很不舒服！

產品管理任務看板

正如我在本章前面提到的，專案管理任務看板和相關的站立會議，可以幫助產品經理和他們的團隊自我提醒，以確保他們的一週、一個月和一季的工作順利進行。簡單來說，任務看板就是一種使用卡片來代表工作項目、以欄位

---

132 這和我在第 18 章說明的「岩石、鵝卵石、沙子」框架有關。

來表示流程中各個階段的方法，將不同階段的工作視覺化呈現，卡片會從看板的左側移動到右側，可顯示進度並幫助團隊協調彼此的工作。如圖 17-4 所示。[133]

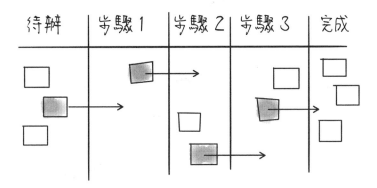

圖 17-4：簡單的任務看板

任務看板從簡單到複雜的都有。簡單的看板有「待辦」（open/to-do）、「進行中」（in progress/doing）和「已完成」（completed/done）欄位。複雜的看板以簡單看板為基礎，但將「進行中」的部分再拆成多個欄位，以便於將跨越價值流（value stream）的工作項目以更好的視覺化方式呈現。每個看板通常會有專屬的站立會議，團隊成員在會議中更新工作進度、討論阻礙進度的原因並移動卡片，這些站立會議通常每天進行一次。

根據組織規模，建立具有不同細節和重點的任務看板將會很有幫助，包括高層次的概念看板、產品全局看板、產品探索看板以及開發團隊使用的產品交付看板。讓我們依序往下探討。

---

133 若想要學習更多關於任務看板的知識，我建議閱讀一些基礎的敏捷、Scrum 和看板（Kanban）文章。

概念看板

概念看板用來視覺化呈現想法或假設的處理流程，從某人提出想法的那一刻開始，接著這個想法成為一個經過評估的有效機會，最後被分配給產品經理或團隊進行下一步的行動。圖 17-5 展示了這個看板的流程。

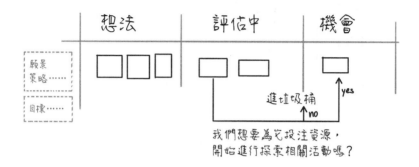

圖 17-5：概念看板——我們有沒有發現具備潛力的想法？

產品全局看板

這個看板呈現了產品規劃的當前狀態與全局觀，對於身為 HoP 的你非常有幫助。看板上的卡片從已通過評估的機會開始、經過產品探索階段、進入執行階段（交付中），然後是非常重要、但經常被忽略的驗證和逐步改善階段，最後到達淘汰階段——不再使用的功能會先被隱藏，然後被下架，最後由開發人員將程式碼刪除。如果一個機會無法通過探索階段的驗證，它將會被移到垃圾桶。圖 17-6 展示了這個看板的流程。

圖 17-6：產品全局看板

產品探索看板

產品探索看板所呈現的，是為了打造一個有價值、好用、可建造且具有商業潛力之產品所需的所有活動。[134] 這個看板由你的產品經理負責，相關的站立會議通常會讓所有投入這個過程的人都參與其中——最常見的是產品經理、設計師和至少一位工程師（有人稱之「神聖三人組」（holy trio）或「產品三人組」（product trio）[135]）。不過，站立會議也可以包括數據分析師，或是想了解狀況的利害相關人。圖 17-7 展示了這個看板的流程。

圖 17-7：產品探索看板

產品交付看板

這是開發團隊使用的任務看板，通常由團隊負責維護。我觀察到的大多數公司在建立產品交付看板方面都相當出色，而這個看板也有助於他們完成工作。我發現，如果產品經理堅持在流程的最後增加一個「驗證」欄位，以確保每個人都意識到「完成並發布」並不意味著我們不再碰這個功能，這對團隊和產品都會有幫助，因為在功能發布且使用者開始使用後，團隊若能根據從中獲得的學習成果對功能進行持續迭代，將會帶來更大的價值！

此外，淘汰那些未能發揮預期作用的功能也非常重要，這就是垃圾桶的用途。但請注意——如果經常有功能被丟進垃圾桶，那麼就是需要改善探索流

---

134 第 16 章〈假設驅動的產品開發與實驗〉探討了這個過程的細節。

135 Teresa Torres (March 11, 2020). Why Product Trios Should Interview Customers Together. 來源：https://www.producttalk.org/2020/03/interview-customers-together/

程、減少這種情況發生的時候了。開發完成卻沒有發揮作用的功能,是公司犯下的錯誤中最昂貴的一種!圖 17-8 展示了這個看板的流程。

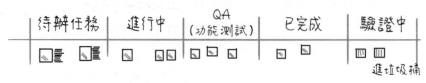

圖 17-8:產品交付看板

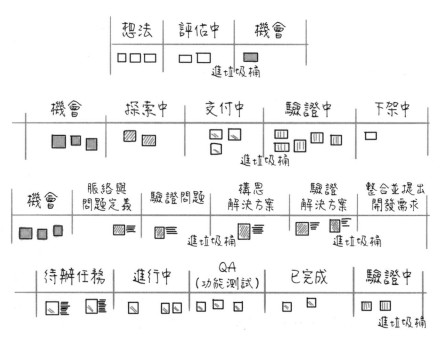

圖 17-9:產品管理任務看板概觀

運用看板以維持平衡

想要維持產品探索與交付之間的平衡,必須先知道什麼需要平衡。為了實現這件事,得要將工作相關活動以視覺化方式呈現。任務看板正是幫助做到這一點的工具,它是工作流程各階段中,將任務分配狀態以視覺化呈現的結果。

舉例來說,如果你有一位產品經理正在進行大量的「建立解決方案假說」工作,但忘記先理解和驗證潛在問題,任務看板就可以提醒他這些基本步驟。對於想要建立理想工作流程的產品經理及團隊而言,任務看板可以作為保持平衡的最佳提示。

此外,在看板上新增、移動和完成工作項目創造出的節奏感,有助於每個人平衡自己的工作量,也會更容易看到過程中的小問題。這個任務是否在某個欄位中停留了很長的時間?這是為什麼?看板是否開始變空、而且待辦的任務很少?那麼可能是時候尋找新的工作、機會、實驗和待辦項目了。

平衡產品探索與交付的工作流程,以及藉由看板來視覺化流程中的缺失,能夠讓產品經理與團隊不需要一直費心於保持平衡,這就是所謂的活化結構(liberating structure)。

延伸閱讀

- Jeff Patton:平衡持續探索與交付
  https://www.strongproductpeople.com/
  further-readings#chapter-17_1

- Teresa Torres:你應該花多少時間在產品探索上
  https://www.strongproductpeople.com/
  further-readings#chapter-17_2

- Teresa Torres：藉由調整交付來騰出時間進行探索
  https://www.strongproductpeople.com/
  further-readings#chapter-17_3

- Lucio Santana：在瘋狂的多軌工作中進行產品探索
  https://www.strongproductpeople.com/
  further-readings#chapter-17_4

CHAPTER 18

產品人的時間管理

- 時間悖論

- 時間管理框架

- 以身作則

在上帝創造天地之初，她決定了這個世界每天應有的時數和每年應有的天數，眾所周知，一天只有 24 小時。

對於忙碌的產品經理來說，這造成了一個問題，事實上，這可能是所有問題中最大、最根本的一個。為什麼？因為這些才華橫溢的人不僅要管理自己的時間，還要以某種方式管理團隊的時間。如果一個人無法管理好自己的時間，她怎麼可能管理好別人的時間呢？這就是為什麼對產品經理來說，了解並能善用時間管理工具和方法，是一件非常重要的事。

但產品人還有一個難以做好時間管理的重要原因：他們深具同理心。如果組織在招募方面做得不錯，你的產品經理就會經常因為想要幫助同事、團隊、高階主管、使用者、顧客，當然還有他們服務的公司，讓管理時間變得更加困難。你可以想像，產品經理在幫助其他人的同時，還要顧及自己的工作——包括使用者研究、內部產品推廣、回答開發人員的問題（「這裡你想

要使用複選框還是單選按鈕？」）、長期策略等諸多事項——是多麼困難的事情。

時間管理是可以學習的，而且這個技能本身並不會太難應用。你唯一需要的是一些紀律、對時間悖論的理解，以及一個幫助決定時間分配的框架。雖然我們無法直接影響產品經理的工作紀律——這需要他們自己努力——但在接下來的部分，我們將探討時間悖論和一些強大的時間管理框架。

然而，在我們深入這些議題之前，我必須加上一個聲明：好的時間管理有一個本質上的限制，如果工作量太大，或是目標及方向不清晰，那麼即使最好的產品人也無法掌控他們的待辦清單，這是完全不可能做到的事。這個情況不僅適用於你的團隊，也適用於你個人。如果你是領導產品經理的人，請花一兩分鐘反思團隊的工作量是否合理，以及你是否為他們的成功或失敗做好了準備。

基於以上聲明，讓我們繼續更仔細地探討時間本身的特性。

時間悖論

對於大多數人來說，要完成的事情總是太多，而可用的時間卻相當有限。我們每天擁有的都是相同的 24 小時，每週都是相同的七天，但為什麼有些人似乎可以完成更多的事情呢？這裡就涉及到被稱為「時間悖論」的一些論述。

時間悖論會以多種不同的方式表現出來。例如，你可能熟悉所謂的帕金森定律（Parkinson's Law），此定律最初是由 Cyril Parkinson 在 1955 年發表於《經濟學人》（*The Economist*）的文章中闡述的：

> 工作總會不斷膨脹，
> 直到填滿所有可用時間。[136]

在現實世界中，這意味著當你給某人一週時間來完成一項任務時，不論實際上需要多少時數，它都會花掉一整週的時間才會完成。舉例來說，如果這項任務實際上只需要八小時，人們往往會優先去做其他事情，並將這項任務拖延到最後一刻才開始動手。研究的結果也支持帕金森定律，當實驗中的受測者「意外地」被給予額外的時間，來執行一項本來只需五分鐘就能完成的任務時，他們花費的時間就會比五分鐘更長。[137] 這就引出了帕金森定律的**史塔克－桑福德推論**（Stock-Sanford corollary）：

> 如果你等到最後一分鐘才做，
> 那麼只需要一分鐘就能完成。[138]

為了幫助你的團隊了解，如何克服帕金森定律和史塔克－桑福德推論的影響——你也應該推薦給你的產品經理們——向他們介紹時間定量法（timeboxing）的力量。時間定量法是指預先為特定活動分配一個固定的時間限額，比如說四個小時，然後想辦法在那個時間內完成該活動，這個時間限額也被稱為時間盒（timebox）。

---

136 C. Northcote Parkinson (November 19, 1955). Parkinson's Law. 來源：
https://www.economist.com/news/1955/11/19/parkinsons-law

137 Elliot Aronson, David Landy (July 1967). Further steps beyond Parkinson's Law: A replication and extension of excess time effect. 來源：
https://www.sciencedirect.com/science/article/abs/pii/0022103167900297

138 Hemant More (March 27, 2019). The Parkinson's Law. 來源：
https://thefactfactor.com/life_skill/life_changing_principles/parkinsons-law/764/

另一個時間悖論是**帕雷托法則**（Pareto principle），以 19 世紀的義大利經濟學家 Vilfredo Pareto 命名，這個法則指出 80% 結果來自於 20% 成因，[139] 因此也被稱為 80/20 法則。它可以應用於完成工作所需的時間，更具體地說，你所做的 80% 工作只需你的 20% 時間，而你做的另外 20% 工作卻佔用了你 80% 時間。因此，訣竅在於避免被那佔用大量時間的 20% 工作困住。

為了幫助你的團隊克服帕雷托法則的影響，你可以提供他們案例並討論對應策略。幫助他們識別佔用 80% 時間的 20% 工作是什麼，你可以用他們剛完成的一項任務或項目為例這麼提醒：「你們在前八個衝刺中完成了大量工作（80%），但在最後兩個衝刺中只完成了一些較小的項目（20%）。最後做完的那幾件事並沒有增加太多顧客價值，所以，也許你們可以在不做那最後兩個衝刺的情況下發布 APP。」

接下來，讓我們談談心流（flow）的概念。當全神貫注於一項任務時，你可能會感覺時間被拉長了，隨著你對任務的投入和工作效率提高，時間似乎流逝得更慢。這種時間悖論被稱為**心流**。雖然達到心流境界的感覺很棒，但如果你被打斷了——無論是被同事、簡訊還是家裡打來的緊急電話——可能就很難重新進入心流狀態。有些人發現自己在被中斷後，還是可以迅速回到心流狀態，但也有很多人是沒辦法的。

為了幫助團隊充分運用心流，你可以介紹這個概念給他們，然後請他們列出在工作和生活中經歷過心流的時刻。他們是如何達到心流的？他們如何保持心流狀態？是什麼讓他們失去心流？另外，也可以提供他們不會遭受非必要打擾的策略，例如關閉 email 和簡訊通知、上午兩小時 Slack 設定靜音、或者找一間空會議室不受打擾地工作。如果他們的心流狀態會被打斷，你可以幫助他們找出重新進入心流的方法，例如音樂可以促進心流，同時也創造出一個舒適的工作環境。

---

139 Vilfredo Pareto, *Cours D'Economie Politique*, F. Rouge (1897). 來源：
https://books.google.com/books?id=fd1MAQAAMAAJ&pg=PP9#v=onepage&q&f=false

另一個時間悖論被稱為**時間謬誤**（the time fallacy），這是關於你認為其他人比你更有效率的原因，在於他們擁有更多的時間，而你可以用加班來彌補這一點。雖然你確實可以因為加班完成一些額外的工作，但這是有代價的，而且有時相當嚴重。這些額外的工時可能會對你個人和家庭生活產生負面影響，也可能對你的產品經理的心理健康造成損害，因為他們在感到工作越來越無法負擔的同時，還是只能拼命地跟上。

為了幫助你的團隊克服時間謬誤的影響，向他們指出時間謬誤是什麼，以及它如何對我們的生活產生負面影響——無論是在工作還是在家中。讓他們明白，每個人每天擁有的都是相同的 24 小時，不多也不少，學會如何更有效地使用這 24 小時，比減少睡眠時間或忽視自己的身心健康要好上許多。

框架方法

在這個部分，我們將回顧一些我發現很有效的時間管理框架。然而，最好的時間管理框架就是最適合你和團隊的那一個，嘗試不同的框架，改變一下現狀，你就有機會找到最適合自己的方式。

學會說不

這些框架中的第一個非常簡單，而且很容易應用。然而，對許多產品人來說，實際使用還是會有難度。產品人總是要接收來自各方的請求——老闆、同事、使用者和顧客等等。由於我們這些產品人天生傾向於解決問題和幫助他人，接到請求的自然反應通常都是回答「好」。

從時間管理的角度來看，在諸多情況中，這會是一個極大的錯誤。

產品人需要學習更經常地對眾多請求說「不」，如果他們能夠充滿自信地陳述團隊目前正在研究／處理的事情，以及為何這些事情很重要，說「不」就會變得更容易。當然，你也要能夠提供一些回絕他人請求的適當理由。[140]

有效會議

根據個人經驗，我認為進行得當的會議可以為所有人節省大量時間。因此，與你的產品經理討論會議文化是非常值得的。確保他們在選擇與會者時經過深思熟慮，而且只有在真正必要的情況下才召開會議。

當然，會議應該要有一個議程，並且需要有人自願負責組織會議。[141] 我發現探討有哪些不同類型的會議，是個非常有效的方法。

在我看來，會議類型只有三種。第一種是**狀態更新會議**，用來讓別人對我或我對別人提供最新的狀態。更新會議包括站立會議、一對一會談或其他更正式的會議，例如季度更新。

第二種是**腦力激盪會議**，通常發生在我們非常需要發揮創意時——例如提出關於產品、功能或如何建立它們的新想法。這一類會議通常要比更新會議花費更多時間，因為更新會議一般來說不會開太久。我們會找一間會議室進行腦力激盪會議，讓每個人可以聚在一起討論。

第三種是**決策會議**。在產品領域，這一類會議只需 15 分鐘左右，時間不會太長。我會事先和參與會議的每個人談過話，讓他們清楚知道我們要討論和做出決定的內容是什麼。

---

140 參考第 21 章〈規劃和排序〉。

141 Amazon 將這種做法提升到了一個新的層次，他們在會議開始時，先讓大家閱讀由個人或團隊準備的六頁文件，內容是有證據基礎的敘述性備忘錄，詳細說明了會議內容和需要解決的問題，會議中禁止使用 PowerPoint 簡報。更多細節可參考：
https://www.linkedin.com/pulse/beauty-amazons-6-pager-brad-porter/

你可以試著以站立方式進行所有更新會議，並且盡量不要混合不同類型的會議。如果你真的需要進行混合類型的會議，例如一對一會談，那就清楚地依照內容類型將會議區隔成不同部分，並確保每個人都知道會議模式什麼時候改變。

鼓勵你的產品經理使用這三個類別（狀態更新、腦力激盪、決策）來區分會議，並請他們向會議參與者進行說明。一般來說，每個人都會喜歡這種方法，因為這讓人們知道自己該預期些什麼：是會聽到最新的狀態、還是要積極參與並發揮創意、或是要實際做出決定？

管理者與創作者的行程表

典型的產品人每天工作八個小時，接連不斷地開會，甚至還要參加定期的午餐會議。在這一切都結束之後（終於！），還要花兩個小時撰寫產品規格書或設計下一次的顧客調查表。

但這並不是優秀產品人的工作方式。你需要花時間進行不間斷的深度思考，但是在會議持續擾亂你的一天並打斷你的心流時，這是不可能實現的。所以，讓我們看看能為此做些什麼。

如果你是產品部門最高主管或產品經理，在公司大部分的人都是按照自己的行程表安排時，你很可能需要同時在兩個行程表上工作。

科技產業投資人 Paul Graham 在一篇文章中指出，創作事物的人與管理事物的人的行程表有顯著不同。根據他的說法，管理者的一天「被以每小時為間隔切割。如果需要，你可以為某項任務預留幾個小時，但在正常狀況下，每個小時你正在做的事情都會改變。」[142] 如果你是管理者，而你的一天充滿了會議，那是沒問題的，因為你的角色是了解最新狀況並做出（或促成）決策，而會議是幫助做到這一點的好方式。如果你需要一個小時來詳細閱讀或審查某些東西，你的行程表也很適合這樣安排。

---

142 Paul Graham (July 2009). Maker's Schedule, Manager's Schedule. 來源：
http://www.paulgraham.com/makersschedule.html

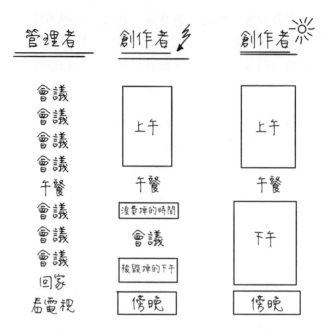

圖 18-1：管理者與創作者的行程表——
一個會議就可以毀掉創作者的整個下午

然而，創作者「一般來說更喜歡以至少半天為單位。你無法在一個小時內好好地寫作或寫程式，這點時間連要開始都不太夠。」[143] 開發人員得要理解複雜的問題，他們需要一段夠長且不受打擾的時間來完成工作。會議打斷了創作者的心流，迫使他們要花時間找回原本的想法，因而導致效率低落。

---

143 Paul Graham (July 2009). Maker's Schedule, Manager's Schedule. 來源：
http://www.paulgraham.com/makersschedule.html

管理者往往不明白，為什麼開發人員對會議如此反感。然而，如果你參考 Graham 的管理者和創作者行程表，就會發現那是因為會議阻礙了創作者執行他們的工作，而會議就是管理者的工作。

產品經理實際上需要兼顧兩者——他們同時擁有管理者和創作者的行程表。會議是產品經理的工作，諷刺的是，會議也阻止了他們進行自己的工作。你的責任是幫助你的產品經理找到正確的平衡。根據我的經驗法則，我給大多數產品經理的建議是：四小時不間斷的工作，四小時的會議，在這之間休息吃午餐。但正如我所說的，每個人都需要找到屬於自己的平衡。

艾森豪矩陣

艾森豪矩陣（The Eisenhower matrix）是一個簡單的 2×2 矩陣 [144]，如圖 18-2 所示，你可以使用它來決定哪些事情需要優先處理，哪些事情可以稍後、甚至永遠不處理。矩陣的縱軸代表任務的重要性，橫軸代表急迫性。這個框架可以用在與產品經理的一對一會談中，如果他們從未考慮過將任務委派給他人的話，這個框架會特別有幫助。此外，它還可以幫助產品經理們跟別人解釋，為什麼會對某些事情說不。

---

144 艾森豪矩陣的由來可以追溯到 Dwight D. Eisenhower 於 1954 年在伊利諾州埃文斯頓的西北大學演講中的一段話。他當時說：「我的問題分為兩種類型，緊急的和重要的。緊急的問題不重要，而重要的問題從不緊急。」

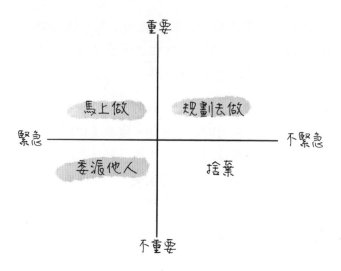

圖 18-2：艾森豪矩陣

艾森豪矩陣有四個象限：

- 左上角：重要且緊急——現在就做！

- 右上角：重要但不那麼緊急——安排在行程表上稍後去做。

- 左下角：緊急但不那麼重要——委派這項任務。

- 右下角：不緊急也不重要——那就不要做了！

以下是使用艾森豪矩陣作為時間管理工具的一些提示：

- 將事情放在待辦事項清單上可以釋放你的思緒，但永遠要問自己哪件事值得優先做。

- 找出你的委派資源——總是有人可以幫忙。

- 嘗試限制每個象限的任務在八項以內，在增加一項新任務之前，先完成最重要的任務。記住：重點不在於收集任務，而在於完成它們！

- 不要讓他人分散你的注意力，不要讓他人為你定義優先順序。一早就做好規劃，然後開始做你自己的事情。在一天結束時，享受完成工作的舒暢感覺。

- 最後，盡量避免拖延，即使是整理待辦事項也不要過度。

岩石、鵝卵石、沙子

「岩石、鵝卵石、沙子」時間管理框架提供了一種非常直觀的方式，讓你看到你安排任務的方式將會影響到能否及時完成它們。[145] 你可以用畫圖的方式向你的產品經理解釋，或者趁著團隊進行戶外活動時就地取材說明。這是一個有趣的小練習，有助於人們理解為何在早期規劃大型工作是重要的事。

圖 18-3：岩石、鵝卵石、沙子

---

145 這個故事有許多版本，有些甚至加入了第四個元素——水。然而，其原始來源不詳。

如圖所示，你有各種不同大小的任務：非常大的（岩石）、較小的（鵝卵石）和非常小的（沙子）。如果你先把所有的沙子放入容器中，然後是鵝卵石，最後才放岩石——也就是你最重要的大型任務——那麼這些岩石是無法放進去的。

然而，如果你先放入岩石，然後搖晃鵝卵石讓它們被填滿在岩石之間，最後加入沙子來填滿更小的空隙，那麼所有的東西都可以被放入容器中。

我們可以從中學到：在任務出現時先評估其大小，而且需要事先計算出能夠同時進行多少個岩石和鵝卵石任務，並且限制進行中的工作數量。

以身作則

最後，作為產品部門最高主管，你要為團隊樹立一個榜樣。先後退一步，對著鏡子自省一下，你看到了什麼？對於期待團隊展現的行為，你是否能夠成為楷模？

以下是一些以身作則的建議：

- 不要成為他們的主要干擾來源！不要一有問題就立即向你的團隊成員提問，而是先把問題累積起來，等到定期的一對一會談、或在你們共同參加的會議結束後再問。

- 尊重上班時間、午休時間和假期。我們都需要暫時離開工作一段時間來充電，不要在這些時候發出閒聊、簡訊或 Slack 訊息。

- 告訴團隊成員你需要他們做什麼。可以是精確的「明天下午 3 點」或稍微有彈性的「我期望在週末前看到你的成果」，這對於初級或助理產品經理來說特別重要，因為這會幫助他們了解任務的規模有多大。

以下是一些所有產品人都可以、且應該要運用的一般性建議。請鼓勵你的產品經理們這麼做：

- 避免時間重疊的會議！在某些公司裡，產品經理所有的行程都是週期性的系列會議，而臨時出現的新會議則是和原本的會議重疊進行——大家都在爭奪產品經理的時間。要求你的產品經理找出自己的會議優先順序，並試著每週取消一次會議，或根本不要接受會議邀請！

- 尊重馬斯洛需求理論！確保你有足夠時間照顧自己的基本需求：睡眠、食物、水、上廁所的時間、運動和放鬆。

- 在你的行事曆中分配時間給重要的事情！一個例子是我在第 17 章〈平衡產品探索與產品交付〉中提倡的，把產品探索與產品交付的時間用 50:50 的比例分配。

作為管理者，對於在時間管理上尋求協助的人，你可以做什麼

- 幫助他們更清晰地看待問題，讓他們了解為什麼他們認為這是一個問題。

- 幫助他們了解，是否覺得這「只是」暫時的狀態（也許團隊中的某個人生病了，而他們為此挺身而出）。

- 詢問他們是否願意與你一起檢視行事曆，藉此幫助他們排序任務。

- 請他們從同事那裡獲取關於自身時間管理能力的具體回饋。

- 請他們練習重新表述問題，藉此幫助他們。

作為管理者，如果看到有人在時間管理上掙扎，你可以做什麼

- 確保目標和方向清晰。

- 確保他們承受的工作量適當。

- 幫助他們了解時間悖論。

- 幫助他們了解時間管理框架。

延伸閱讀

- 哈佛商業評論：會議文章系列
  https://www.strongproductpeople.com/
  further-readings#chapter-18_1

- Jaimy Ford：當員工說「我太忙了」
  https://www.strongproductpeople.com/
  further-readings#chapter-18_2

- 搞定事情（Getting things done）方法論：
  https://www.strongproductpeople.com/
  further-readings#chapter-18_3

- 書籍：

  - *Creating Effective Teams* by Susan A. Wheelan，無中文譯
    本（另一個更有研究基礎的團隊發展階段模型）

CHAPTER 19

跨職能產品開發團隊協作

- ■ 關於團隊

- ■ 協助產品經理學習團隊合作

- ■ 協助產品經理排除障礙

作為產品部門最高主管，您很清楚在組織中，大部分的工作都是透過團隊完成，可能也知道最好的團隊是跨職能組成，也就是那些挑選組織裡不同角色人員形成的團隊。

這帶出一個非常重要的問題：如何建立更高效、更有能力、甚至更快樂和更有趣的跨職能團隊？

為了實現這件事，你可以幫助你的產品經理了解更多團隊合作的知識，同時壓抑自己干涉或「接觸」團隊的衝動。此外，在幫助整個公司培養敏捷思維的同時，你也要協助移除產品經理們共同指出的障礙。讓我們繼續更深入地了解團隊和他們的合作方式。

團隊的本質

團隊具有創造高效能的潛力，當運作得當時，團隊的本質會為組織、顧客和其他利害關係人創造倍數價值。但首先，讓我們來探討一下什麼是團隊。

在《團隊的智慧》（*The Wisdom of Teams*）一書中，作者 Jon Katzenbach 和 Douglas Smith 對「團隊與一群僅是有共同任務的人之間的區別」提出如下的定義：

> 團隊是一小群具有互補技能的人，他們致力於一個共同目標、績效和方法，並承擔彼此間的責任。[146]

跨職能團隊成員來自組織中不同專業領域，他們有共同的目標和承諾，通常能夠自我管理。以產品開發團隊為例，他們大多數都是跨職能團隊，通常由開發人員、設計師、QA 人員、產品經理和分析師所組成，有時還包括來自行銷、業務開發和其他部門的成員。

僅僅將一群人──即使是一群非常有才華的人──聚集在一起，並稱之為團隊，並不能保證其成功。幸運的是，作為 HoP，你可以創造出一個環境，來為團隊的成功奠定基礎。以下是一些最有效的方法：

- **賦能團隊**。[147] 與你的管理層同事們（工程主管、設計主管等）合作，確保團隊具有必要的技能組合。如此一來，團隊成員就能夠真正做出決策，因為他們對於創造一個為使用者和公司同時帶來價值的產品，具有從頭到尾的完整責任，而且團隊目標也會與其他團隊及公司的目標保持一致。

---

146 Jon Katzenbach and Douglas Smith, *The Wisdom of Teams: Creating the High-Performance Organization*, Harvard Business Review Press (2015) p. 41

147 Marty Cagan and Chris Jones, *Empowered: Ordinary People, Extraordinary Products*, Wiley (2020). 繁體中文版《矽谷最夯・產品專案領導力全書：平凡團隊晉升一流團隊的 81 堂領導實踐課》，商業周刊。

- **盡可能縮小「創作者到使用者」的距離**。[148]確保你的產品經理（理想情況下是整個團隊！）直接接觸使用者，例如提供預算讓他們建立大量的易用性測試，鼓勵他們進行更多使用者訪談，或是讓使用者研究員加入團隊一段時間，讓他們習慣與使用者交談。

- **幫助組織導入敏捷思維**。讓你的產品經理推動敏捷思維到整個組織中──不僅僅是在產品團隊──可以避免團隊不斷被要求證明他們的工作方式是對的。[149]

在為團隊的成功打好基礎之後，你的角色就要轉變成指導產品經理的教練──而不是微管理或「調整」團隊。換句話說，你不應該干涉團隊。當你想要操縱或介入這種脆弱的團隊化學作用時，帶來的必然是更多傷害而不是好處。讓我來解釋原因：

心理學家 Bruce Tuckman 在 1965 年提出，每個群組或團隊都會經歷四個發展階段：

- **形成期（Forming）**。這是每個人明白他們現在是團隊一部分的階段。

- **衝突期（Storming）**。問題在這個階段開始出現，團隊需要找到屬於自己的問題解決方法。對每個人而言，團隊規範和準則變得更加清晰，團隊文化也逐漸形成。

- **規範期（Norming）**。團隊成員在這個階段開始建立信任，並找到自己在團隊中的位置。

---

148 Henrik Kniberg 說明這件事如何進行：https://www.mindtheproduct.com/minimise-the-gap-between-maker-and-user-by-henrik-kniberg/

149 請參閱第 25 章〈產品團隊在公司組織圖的位置〉以獲取更多細節。

- **執行期（Performing）**。在最後這個階段，團隊成員真正相互信任。[150]

Tuckman 發現，團隊化學作用是很脆弱的——即使只是設置上的小變化，團隊也需要重新經歷這四個階段，這是非常沒效率、對團隊成員也非常困擾的事。因此，請將你的焦點放在指導產品經理如何把團隊運作得更好，讓他們找到屬於自己的路！

協助產品經理了解團隊合作方式

身為 HoP 的你處於一個獨特的位置，可以幫助產品經理了解團隊如何運作、如何創造和提升團隊精神、以及他們作為橫向領導者的職責是什麼。[151] 產品經理必須關注團隊的產出——也就是他們的績效——但他們並沒有正式的管理權。因此，你的工作是幫助他們了解，可以採取哪些行動，來對產出造成最有效的影響。

產品經理最重要的任務，是確保團隊明白他們面臨的挑戰和使命。團隊需要一個共同目標，建立這個目標、並讓每個人團結起來支持它，就是產品經理的責任。產品經理也要對產品抱持一個願景，而且能夠定期與團隊分享這個願景。他們必須確保每個人都清楚，要為顧客提供什麼價值，以及需要達成什麼公司目標，才能使這些付出的努力有價值。

在完成了這些準備之後，產品經理接下來需要思考的是團隊工作方式。如果組織內有敏捷教練，這就是他們介入的時機。如果沒有，幫助團隊定義自己的價值觀是個好主意，活動的進行方式可能會是這樣：

---

150 Bruce Tuckman (1965). Developmental sequence in small groups. *Psychological Bulletin*, 63(6), 384–399. 來源：https://doi.org/10.1037/h0022100

151 Tim Herbig, *Lateral Leadership: A Practical Guide for Agile Product Managers*, Sense & Respond Press (2018). 來源：https://www.senseandrespondpress.com/lateral-leadership

- 寫下你能想像到最糟糕同事的五項特質。

- 蒐集大家寫下的特質，然後進行點點投票（dot vote）。（哪些是快把大家逼瘋的最糟糕行徑？）

- 挑選前 10 名，請團隊提出相對應的正面特質。

- 讓團隊討論這 10 個特質中，哪些對他們來說最重要。

- 將這些特質以價值觀的格式表述，例如「我們重視⋯⋯（行為），因為⋯⋯（原因）」。

- 如果你願意，可以將它們掛在牆上。更重要的是，在一些討論和回顧會議時使用它們。

你的產品經理可能也會想要舉辦敏捷基礎工作坊，讓團隊可以一起檢視敏捷宣言、敏捷原則和價值觀，並討論這些內容對團隊的意義是什麼。

另一個可行的做法是建立「完成的定義」（definition of done）或「準備完畢的定義」（definition of ready）。怎麼知道一個功能已經定義得夠好、可以讓開發團隊開始著手進行？什麼時候一個功能才算是真正完成？是在測試、正常運作、部署及上線後？還是在使用者能實際使用時？這些討論都有助於團隊成員相互了解，使產品開發過程更加順暢。

你可以向產品經理說明 Tuckman 的團隊發展四階段理論，幫助他們更加理解團隊的不同狀態。[152] 此外，我認為找一位更靠近團隊的人來協助很有幫助，這個人在一些公司裡被稱為敏捷教練，他不會參與產品本身的開發工作，但他可以在流程、團隊活動、會議主持和引導等事務上幫助團隊。一個好的敏捷教練可以為團隊帶來不同的視角。

---

152 (n.d.) Tuckman's Team Development Model. 來源：https://www.salvationarmy.org.au/scribe/sites/2020/files/Resources/Transitions/HANDOUT_-_Tuckmans_Team_Development_Model.pdf

你的產品經理將會不可避免地遇到一些和團隊有關的挑戰。在《克服團隊領導的 5 大障礙：洞悉人性、解決衝突的白金法則》這本暢銷書中，作者 Patrick Lencioni 提出，團隊問題往往是因為以下五大功能失調所引起的：

- **喪失信任**。不願意表現出脆弱。團隊成員若不能真誠地就彼此的錯誤和弱點保持開放的心胸交流，便無法建立信任的基礎。

- **害怕衝突**。團隊若缺乏對彼此的信任，就無法表達真實的想法，並充滿熱情地進行辯論。反之，他們只會假裝客氣的討論，小心翼翼地提出批評意見。

- **缺乏承諾**。如果團隊成員的觀點沒有在熱烈和開放式的辯論中表達出來，儘管人們在會議中假裝同意，實際上他們很難真心支持最後的決定，並為此做出承諾。

- **規避責任**。如果沒有對行動計劃作出明確的承諾，即使是最專注和動機最強的人也會經常猶豫不決，同時他們也不願指責同儕的行為，以及指出對團隊明顯有害的行動。

- **忽視成果**。此時團隊成員會把個人需求（自尊、職涯發展、被認可）、或甚至自身部門的需求置於團隊目標之上。[153]

在我的經驗中，若將團隊五大功能失調轉化為正面角度，你就會發現，具有強大凝聚力的團隊成員展現出以下行為：

- 彼此信任。

- 願意說出真實想法，不害怕衝突且積極地進行辯論。

- 對決策和行動計劃全心投入。

---

153 Patrick Lencioni, *The Five Dysfunctions of a Team: A Leadership Fable*, Jossey-Bass (2002) pp. 188–189. 繁體中文版《克服團隊領導的 5 大障礙：洞悉人性、解決衝突的白金法則》，天下文化。

- 他們彼此督促，以實現這些計劃。

- 專注於達成共同目標成果。[154]

我發現，讓產品經理了解這些因素有很大幫助，他們就能更好地描述在團隊合作時觀察到的事情。這也有助於產品經理和團隊一起工作時，更認真地看待像是信任這一類的軟性元素。若想了解更多如何解決這五大功能失調的細節，我推薦你閱讀 Lencioni 的著作。

如果你能確保產品經理建立並傳達具有說服力的產品願景和相關目標，團隊也討論了他們的工作方法和儀式，並持續對於這些方法進行反思，而且產品經理意識到團隊可能遇到哪些困難，以及思考著該要如何解決它們。那麼你才算是盡了你的教練指導責任。

協助產品經理排除障礙

每個團隊在邁向成功的路上都會遇到障礙，身為產品部門最高主管，你應該先鼓勵團隊自行排除這些障礙，但若遭遇到的是他們無法造成影響的事情，你就可以試著提供協助。在這種情況下，你可以幫助產品經理識別並減輕這些障礙的影響，甚至是完全消除它們。以下是團隊最常遇到的一些障礙：

團隊的工作進展緩慢，或根本沒辦法交付。當出現這種情況時，最常見的原因是出自於團隊協調或自主性的問題。

- **缺乏協調**。常見情況有缺乏共同目標、目標不夠清晰或者缺乏產品願景、願景需要不斷重申，或願景無法激勵團隊。和你的產品經理合作來解決這些問題，首先提升他們說故事的能力（例如，

---

154 Patrick Lencioni, *The Five Dysfunctions of a Team: A Leadership Fable*, Jossey-Bass (2002) pp. 189–190. 繁體中文版《克服團隊領導的 5 大障礙：洞悉人性、解決衝突的白金法則》，天下文化。

讓他們撰寫大型產品發布的新聞稿並與團隊分享）。[155] 建議他們
使用可衡量認同感的 UBAD 模型——由 Janet Fraser 在 2018 年倫
敦的 Mind the Product 大會上分享。[156] 這個模型有四個層次，必
須由下往上依序實現每一層，才能獲得認同感。這四個層次是：

○ 決策（Decision）：他們是否做出支持整體目標或願景的
決策？

○ 擁護（Advocacy）：你是否看到他們準確、有效、抱持支
持的態度談論目標或願景？

○ 信念（Belief）：他們是否相信這個目標或願景？

○ 理解（Understanding）：他們是否理解這個目標或願景？

■ **缺乏自主性**。這可能是因為團隊組成的跨職能程度不足。團隊中
是否有具備相關技能的合適人員？產品經理是否鼓勵團隊依靠自
身專業知識自行做出決策，讓團隊真正感受到自主性？（如果產
品經理不在就無法做出任何決策，就不是個好跡象。）團隊是否
缺乏預算，以至於他們的工作方式無法獲得改善？（包括購買新
硬體設備來加速開發工作，或投資預算於購買特定研究報告，以
幫助當前的研究工作取得進展。）作為 HoP 的你可以幫助你的
產品經理解決這所有問題。如果是團隊人員在設備上的問題，先
與你在 IT 和設計部門的同事（可能是 IT 主管和設計主管）討論，
確保組織給予團隊足夠的自主權來真正做出決策。幫助團隊爭取
一些預算，並確保預算可以用在幫助他們更快交付出色產品的任
何事情上。

---

155 Midvision Admin (May 25, 2015). Amazon's Secret to Customer Focused
Features: Write the Press Release First. 來源：https://www.midvision.com/
amazons-secret-to-customer-focused-features-write-the-press-release-first/

156 James Gadsby Peet (January 18, 2019). Uncovering the Truth by Janice Fraser. 來源：
https://www.mindtheproduct.com/uncovering-the-truth-by-janice-fraser/

另一個可能導致團隊進度緩慢、或根本沒有交付的原因，是產品經理沒有鼓勵團隊成員提出他們希望執行的任務，導致系統堆積了大量的遺留程式碼（legacy）。組織中通常有許多業務需求，產品經理對下次大型發布應該有哪些功能、或是下週末前應該完成什麼項目也有很多想法。但總是有些只有開發人員知道、在某個時刻需要被解決的技術問題，也許這些問題現在還不緊急，但它們會堆積起來，進而拖慢團隊的進度。鼓勵你的產品經理認真傾聽開發團隊的聲音，當他們指出某些問題需要立即解決以避免造成未來進度延遲時，要及時採取行動。

團隊對優先順序有異議。檢視產品願景和說故事的能力。詢問自己：團隊成員對於產品探索階段的參與是否足夠？他們是否理解使用者需求？觀察產品經理如何與團隊分享資訊。

團隊成員之間存在衝突。協助你的產品經理使用 Lencioni 的五個團隊功能失調理論來解決這個問題，或者鼓勵產品經理們藉由成為主持人或會議組織者，更積極參與團隊的回顧會議。Retromat（https://retromat.org/）是一個很好的靈感來源，或者下面提到的團隊雷達也能派上用場。如果是很嚴重的衝突，就要尋求敏捷教練或上級主管的協助。

團隊雷達（見圖 19-1）讓團隊可以討論他們覺得自己在八個不同屬性的表現，例如以顧客為中心、勇氣、溝通和信任等等。他們必須共同決定一個分數，並根據分數建立圖表，因此，在決定分數的過程中，他們需要分享對於每個項目的看法。最後，團隊可以為一些分數較低的項目訂出後續行動方案。[157]

---

157 如果你想知道更多關於團隊雷達的內容，請參考我在 2019 年寫的一篇部落格文章：The Secret Weapon of Retrospectives—the Team Radar: https://www.mindtheproduct.com/the-secret-weapon-of-retrospectives-the-team-radar/

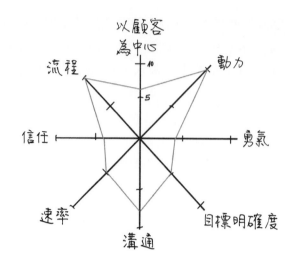

圖 19-1：團隊雷達範例

產品失敗。這顯然是一個 HoP 無法快速解決的障礙。原因可能是產品探索不足、實驗有誤、團隊沒有積極參與、缺乏創意和革新力、產品經理可能不夠關注細節、或是只關注產出（output）而非成果（outcome）。與你的產品經理一起檢視上述全部因素。

產品經理本身就是瓶頸。如果產品經理與團隊相處時間太少，他們可能會成為產品進展的瓶頸。在出現這種情況時，請和你的產品經理好好聊聊，幫助他們看到問題，並鼓勵他們重新審視自己的時間分配，也許可以試著把一些任務委派給團隊？（無論如何，這對於提升團隊自主性可能是個好主意！）

再次強調，其實你有能力、也有責任去移除造成團隊無法成功的阻礙。不是要你干涉團隊，而是幫助他們鋪好前行之路。鼓勵你的產品經理優先處理與團隊之間的所有問題，但也要了解有些障礙必須依賴你的關注，務必要特別認真對待這些障礙。

你還要持續在整個組織中培養敏捷思維。如果公司理解敏捷方法的好處，你的跨職能團隊將會運作得更順暢，因為他們的工作方式不會經常受到質疑。

最後，觀察你的產品經理——他們是好的橫向領導者嗎？確保你把人們放在合適的位置上。或許你的產品經理並不像你認為的那麼好——他們是否得到團隊的信任？或者出於某種原因失去了信任？也可能是開發團隊中某些成員出現狀況，花點時間與他們的部門主管交流——通常是 IT 或設計部門主管——以獲得他們的回饋與見解。

快樂的團隊相信他們自己是個很棒的團隊，而且他們致力實現的使命是非常有價值的。團隊成員需要知道他們為這段旅程投入的努力——建立能為使用者帶來價值的優秀產品——將會創造出更偉大的成果。身為 HoP，你可以幫助他們做到這一點。

延伸閱讀

- 測量團隊認同度 https://www.strongproductpeople.com/further-readings#chapter-19_1

- Henrik Kniberg 談論如何讓「創作者到使用者」之間保持最小距離 https://www.strongproductpeople.com/further-readings#chapter-19_2

- 團隊雷達 https://www.strongproductpeople.com/further-readings#chapter-19_3

- Retromat https://www.strongproductpeople.com/further-readings#chapter-19_4

- 敏捷價值觀 https://www.strongproductpeople.com/further-readings#chapter-19_5

- Tuckman 的團隊階段 https://www.strongproductpeople.com/
  further-readings#chapter-19_6

- 關於做決策的有趣 X 討論串 https://www.strongproductpeople.
  com/further-readings#chapter-19_7

- 跨職能團隊：

  - Nima Torabi：跨職能產品團隊中的有效協作 https://www.
    strongproductpeople.com/further-readings#chapter-19_8

  - Marty Cagan：賦能產品團隊 https://www.
    strongproductpeople.com/further-readings#chapter-19_9

- 書籍：

  - *The Five Dysfunctions of a Team* by Patrick Lencioni，繁體
    中文版《克服團隊領導的 5 大障礙：洞悉人性、解決衝突
    的白金法則》，天下雜誌

CHAPTER 20

直接與開放式的溝通

- 溝通的基礎

- 常見的溝通問題與解決方案

- 如何讓你的溝通訊息更清晰

毫無疑問,溝通是現今職場中管理者的重要技能之一,你的所有作為幾乎都需要良好的溝通。能夠把溝通做好的管理者,他們的組織和顧客也會因此獲得許多好處。良好溝通不僅有助於改善關係、促進團隊合作、提升生產力和績效,還能促進一個開放和有創造力的環境,讓員工能更有效地解決問題。隨著遠端工作人數達到有史以來的高峰,溝通成為遠端工作者與管理者、同事及整個組織緊密連繫的關鍵。

良好的溝通也被證實能夠帶來財務效益。根據 Towers Watson 對有效溝通與投資回報率的研究，擁有高效內部溝通策略的公司，比起其他缺乏有效內部溝通的組織，業績顯著超越同產業其他公司的機率高出 3.5 倍。[158]

然而，開放式溝通說起來容易做起來難。雖然許多公司（以及為其工作的管理者）聲稱開放式溝通是他們的核心價值之一，但現實情況往往大相徑庭。如果你詢問人們對於組織內部溝通有何看法，通常會聽到一個截然不同的故事。例如他們缺乏來自管理者的明確指導，沒有辦法看見大局，沒有被告知當前的舉措為何如此重要，所謂「開放門戶」（open-door）政策大多是虛設的（領導者的房門是開著的，但很難安排與他們會面的時間），衝突也處理得不好。

既然如此，你可以為組織內的溝通改善做些什麼呢？首先，你需要明確指出良好溝通不僅是你的責任，而是每個人的。其次，你應該以身作則，讓這個公司核心價值展現在日常行為上，像是多聽少說，重視透明和誠實，和保持開放的心態。最後，作為 HoP，你需要確保組織是一個可以進行開放和坦率溝通的安全空間，而這必須建立在心理安全感和信任的基礎上。

不幸的是，我常發現很少有組織會投入大量時間和資金來培訓員工成為更好的溝通者。我會聽到像「溝通課程？那是什麼？」或「我們可以從哪裡獲得這樣的訓練？」這樣的反應。簡單的事實是，沒有人天生就是出色的溝通者，我們每個人都可以從最基本的溝通培訓中受益。讓我們來探索一些關於溝通的基礎知識。

---

158 John French (March 10, 2014). Towers Watson research study on effective communication and ROI. 來源：https://www.bizcommunity.com/Article/196/500/110632.html

溝通的基礎

溝通專家 Harold Lasswell 發展出一個模型（通常被稱為拉斯維爾溝通模式）來說明溝通的過程。[159] 我稍微修改了這個模型，讓它更適用於 21 世紀的職場。以下是調整後的內容：

什麼人經由**什麼管道**對**另一個人**溝通了**什麼內容**，
基於什麼**原因**，並產生了什麼**效果**？

如你所見，這個模型中字體加粗的部分揭示了溝通過程裡的關鍵層面。該模型告訴我們什麼人在和另一個人溝通；他們在溝通什麼、如何溝通、為什麼溝通，以及溝通的最終效果是什麼。讓我們逐一探討此模型的內容。

為什麼我們需要溝通：9+1 個原因

溝通的動機表面上看似相當簡單和直接，以至於我們往往將溝通視為理所當然。在商業世界裡，我們溝通是為了……

- 建立和維持關係

- 提供、接收和交換資訊

- 說服和影響他人

- 緩解焦慮和痛苦

- 調節權力

- 提供理性和感性的刺激

- 表達情感與解釋我們的想法和觀點

---

159 Wikipedia (n.d.). Lasswell's model of communication. 來源：
https://en.wikipedia.org/wiki/Lasswell%27s_model_of_communication

- 集思廣益和解決問題

- 尋求對某個主題的一致性看法，或就一個共同目標達成協議

這九個溝通的目的大多都可以總結為一件事（這就是 +1）：表達期待與需求。

如何溝通、何時溝通、對誰溝通

溝通目的決定了我們溝通的方式、時間和對象，這些都是溝通者必須做出的關鍵選擇。若是傳遞的訊息沒有被理解，那就不算是溝通。

如圖 20-1 所示，溝通的方式（管道）可以是：

- 口語

- 書面

- 圖像

- 以上方式的組合

溝通的時間一般來說會有兩種不同形式：

- 同步──即時進行，例如一對一討論。

- 非同步──溝通會在之後發生，例如在產品策略簡報時錄影，之後可以在公司的維基觀看。

而溝通的對象通常是：

- 一對一

- 一個人對少數幾個人

- 一個人對很多人

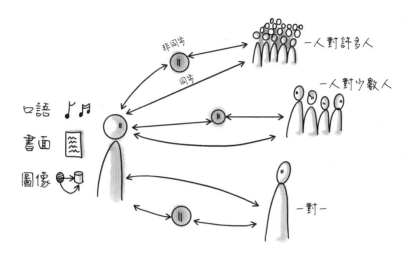

圖 20-1：如何、何時及對誰溝通

那麼，若要和他人交流資訊或傳達訊息給對方，最好的方式是什麼呢？在開始任何溝通之前，我建議你先自問：「我的目的是什麼？」反之，如果是由別人開啟對話，也要問問自己：「這次對話為什麼會發生？」。如果沒有顯而易見的答案，建議你在深入主題之前，先將談話內容引導到為什麼會有這段對話。了解「為什麼」可以避免對話偏離主題和陷入不必要的細節，這些情況都可能會模糊你和對方原本嘗試達成的目標。

- 口語之所以有力量，是因為我們不僅接收到口頭訊息，還從說話方式中獲得許多資訊：例如情感表達、語氣、臉部表情等等。

- 書面訊息的優勢在於，你可以在寫下文字前或書寫當下，反思你想寫的內容。書面文件被誤解的機會較低，人們從書面文件獲得對訊息理解一致的機會，比從演講或聊天中獲得的可能性要來得較高。

■ 圖像資訊（圖畫、插圖、卡通動畫等）比書面文件更容易被大腦記住。

■ 同步溝通的主要缺點是：參與的人必須停下手上的工作一起參加會議／通話。所以，你應該要時常自問，是否有必要以即時方式進行溝通。

■ 非同步溝通的優勢在於，所有相關人員都可以自行安排時間來消化資訊並作出回應。但是當溝通是非同步的，幾乎不太可能進行有意義的、問題解決導向的討論，或是具創造性的、集思廣益的對話。[160]

我認為圖 20-2 的矩陣非常有助於決定溝通方式。如你所見，該矩陣考慮到前面提及的所有因素，協助你在不同情況下選出最恰當的溝通方式。當和你想要指導或溝通的產品經理進行一對一會談時，這個矩陣也相當實用。

---

160 https://arc.dev/blog/
asynchronous-communication-synchronous-communication-remote-teams-801g1dr4pt

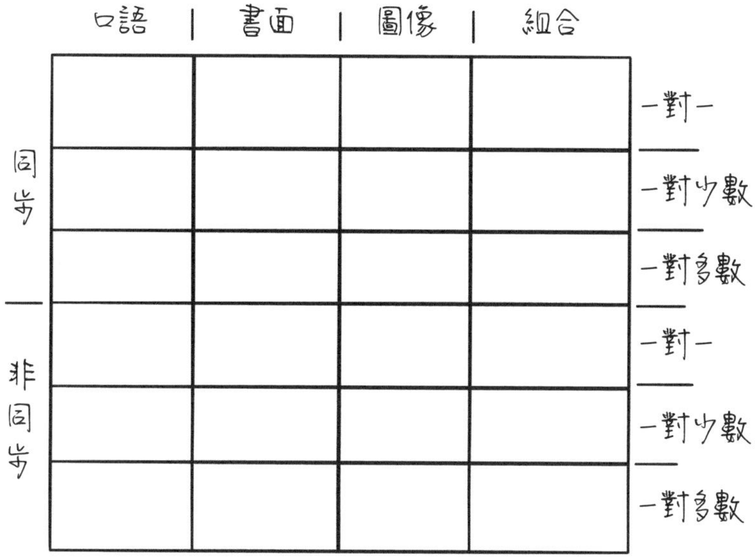

口語	書面	圖像	組合	
				一對一
				一對少數
				一對多數
				一對一
				一對少數
				一對多數

（左側：同步 ／ 非同步）

圖 20-2：溝通決策矩陣

我們來看幾個範例。第一個例子（圖 20-3）是針對新策略的全員會議。在這種情況下，你想要說服和影響人們、提供資訊、並尋求對特定議題的共識，或就一個共同目標達成意見一致。

基於矩陣，你決定舉辦一場實況（同步式）的全員簡報會議，對一大群人使用口語、書面和圖像結合的溝通方式，並在後續與一小群人進行即時性的口頭討論，以獲得想法與回饋。此外，你決定建立一個書面的維基頁面，並在公司 Slack 頻道上發布全員會議的錄影紀錄——這兩者都是非同步的。

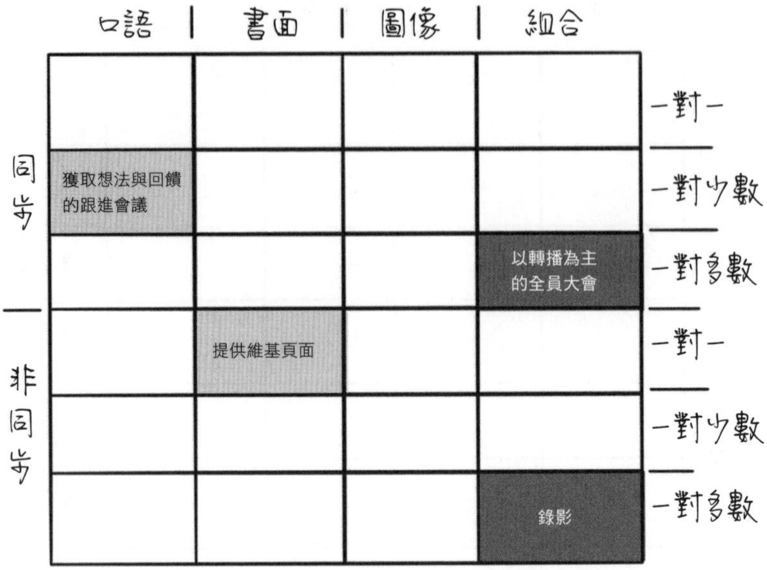

	口語	書面	圖像	組合	
同步					一對一
	獲取想法與回饋的跟進會議				一對少數
				以轉播為主的全員大會	一對多數
非同步		提供維基頁面			一對一
					一對少數
				錄影	一對多數

圖 20-3：新策略全員大會的決策矩陣

第二個例子（圖 20-4）是要公布某個團隊成員決定加入另一個團隊的消息。在這種情況下，你想要提供資訊、緩和壓力和焦慮、表達情感並說明你的想法和意見、集思廣益和解決問題、調節權力以及建立與維持關係。

根據矩陣，你決定在站立會議中對一小群人進行即時性（同步式）的口頭公布。此外，你決定建立一份書面的公司公告，並在公司 Slack 頻道上以訊息形式跟進——這兩者都是非同步的。

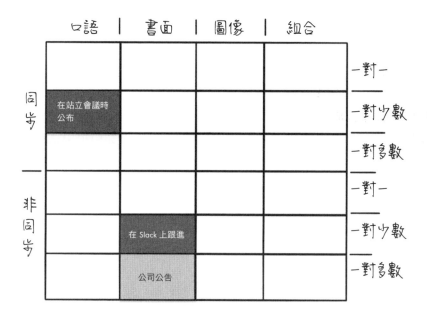

圖 20-4：公布成員轉換團隊的決策矩陣

請記得，填寫決策矩陣的內容時沒有絕對的對錯之分，重要的是要思考溝通選項如何搭配才能產生最好的結果。

常見的溝通問題與解決方案

在產品組織中，我經常遇到一些相似的溝通問題，這些問題對公司效率產生了負面影響。

說得更具體一點，就是我認為溝通從來不是單向的，但人們經常以為它是單向的。因此，若 HoP 只對團隊就最新的策略方向做個簡報，然後就期望團隊接受並執行這些策略。在這種情況下，會缺乏一致性和認同感。

此外，有很多組織沒有給予足夠時間進行個人的、非目的性的溝通。也就是說，缺少非正式的閒聊（不是八卦！）時間。

最後，我發現，過度溝通（overcommunication）的效果在產品組織中被人們低估了，你需要做更多的過度溝通，而不是更少。福特汽車前執行長Alan Mulally 因成功扭轉了公司陷入困境的局勢而廣受讚譽，他經常以許多不同的方式溝通公司計劃，例如在每次高階管理層會議中提出、訂製可放入錢包的卡片提供給每位員工、向媒體談論等等。跟據當時任職於《底特律新聞》的記者 Bryce Hoffman 所述「經過六個月後，我們這些持續關注福特公司消息的人都已經聽膩了。」[161] Mulally 對計劃過度地溝通，但最後每個人都記得計劃內容是什麼。

請確保你的溝通不只是單向——要鼓勵大家給予回饋——並且抽出時間與團隊人員有些輕鬆的交談，單純地享受你們相處的時光。在實現重大目標之前，要持續地、一次又一次談論你們的計劃。請在選擇溝通方式時，使用以下的有效溝通檢查清單，這會幫助你增進溝通效力，並能避開一些常見問題：

溝通內容

- 你的訊息是否準確且完整？

- 你的訊息是否妥善組織？

- 你的訊息是否必要？（不要傳遞雜訊！）

- 你的訊息是否簡潔清晰？

---

161 Sean Conner (May 16, 2018). Say it 7 Times: The Art of Overcommunication. 來源：https://medium.com/unexpected-leadership/say-it-7-times-the-art-of-overcommunication-5d019b2c33d4

溝通方式

- 你是否使用了適當的溝通方式？（同步 / 非同步、適當的工具、面對面、通話、email 和聊天等等）

- 你的態度是否正面？你的肢體語言和語氣是否肯定？

- 你是否積極地傾聽？（用你的話重述聽到的內容、總結交流的結果、提出問題等等）

- 你是否保持開放心態，並能考慮不同的觀點？

- 你是否全神貫注、不被其他事情打斷、不同時進行其他工作？

- 你是否堅定但不具侵略性？

- 你能時刻提醒自己不要針對個人嗎？

溝通目的

- 你是否清楚自己想要達成什麼目標？（參考前述溝通的 9+1 個原因）

- 你是否先思考過最終結果？

溝通對象

- 你是否與正確的人（們）溝通？

- 你是否找了所有需要找的人？

- 你是否「只」找了需要找的人？

溝通時機

- 你的溝通是否及時？（沒有延遲）

- 對於溝通的對象來說，現在是個好時機嗎？

- 討論持續時間 /email 內容長度等等，是否根據情況的重要性進行
  了調整？

溝通場所

- 你是否在對於溝通內容和主題而言合適的地方進行溝通？（考慮
  安全性、隱私等等）

如何讓你的溝通訊息更清晰

我們都希望溝通能夠更清晰，我發現若能花點心思為溝通做一些事前準備，
可以顯著提升溝通成效。我推薦的準備流程有五個步驟：收集資訊、結構
化、撰寫文字稿、提前分享並逐步修改，以及使用繪圖來簡化訊息。

第一步：收集資訊。用 15 分鐘以內寫下一些內容——你的主要論點是什
麼？然後思考其他觀點、收集數據並閱讀其他人對該主題的看法。

第二步：結構化。嘗試在資訊中找出模式，建立心智圖 / 層次結構，找出你
的關鍵訊息。

第三步：撰寫文字稿。清晰、簡潔地寫作——不要使用行話、縮寫或公司內部的專用語。去除贅詞、並使用「被猴子」（by monkeys）測試。[162] 準備時間不要超過一個小時。[163]

第四步：提前分享並逐步修改。分享你的文件並徵求回饋，詢問別人這些訊息是否清晰、後續行動方針是否清楚，以及結構和措辭是否良好。根據收到的回饋進行修改，並預測你的聽眾可能會提出的問題。試著將內容大聲朗讀出來。

第五步：使用繪圖來簡化訊息。找出一張可以總結溝通內容的圖片，規則是：如果你能將訊息在一張紙上畫出來，那麼你就掌握了想要溝通的訊息。然後，做最後的檢查：「我能說得更簡單一點嗎？」

以下還有一些額外的建議，可以幫助你改善口語溝通：

首先，如果你和我一樣是個說話很快的人，請記得放慢語度。如果你能掌握你的主要訊息，然後用更少的詞語與更慢的語速說出來，將會有助於溝通對象了解你想表達的事情。

其次，我發現掌握「停頓的藝術」非常有幫助，這意味著當你對著某人說了一些話之後，應該要稍微暫停一下，讓對方有機會回應，而不是滔滔不絕地講個不停。溝通是雙向的，你要鼓勵並提供機會，讓你的溝通對象參與其中。

記住：只有當你的溝通對象收到你傳遞的訊息並能理解時，溝通才是有效的。溝通是一門藝術和科學，只要做出一些努力，你也可以掌握這個重要的管理技能。

---

162 「被猴子」測試是一種避免在書面溝通中使用被動語態的方法。如果你在句子的最後加上「被猴子」而句子仍然有意義，那麼這句話很可能是以被動語態寫的。例如「這個問題將在下一次迭代中被猴子解決。」（This issue will be fixed in the next iteration...by monkeys.）是被動語態。

163 請見 One Page/One Hour Pledge: https://www.onepageonehour.com

延伸閱讀

- 關於溝通：

  - Lindsey Jayne：清晰的重要性 https://www.strongproductpeople.com/further-readings#chapter-20_1

  - 如何提升你的寫作技巧：https://www.strongproductpeople.com/further-readings#chapter-20_2

  - Matt LeMay：提早分享，經常分享——一頁 / 一小時 https://www.strongproductpeople.com/further-readings#chapter-20_3

  - 自我階段如何影響溝通 https://www.strongproductpeople.com/further-readings#chapter-20_4

- 心理安全感：

  - Rework with Google https://www.strongproductpeople.com/further-readings#chapter-20_5

  - Laura Delizonna：高效團隊需要心理安全感，這是建立的方法 https://www.strongproductpeople.com/further-readings#chapter-20_6

- 英語中的填充詞：

  - https://www.strongproductpeople.com/further-readings#chapter-20_7

  - https://www.strongproductpeople.com/further-readings#chapter-20_8

- 書籍：

  ○ *The Communication Book* by Mikael Krogerus and Roman Tschäppeler，無繁體中文版

  ○ *Communication Skills Training* by Ian Tuhovsky，無繁體中文版

  ○ *Say What You Mean* by Oren Jay Sofer and Joseph Goldstein，無繁體中文版

CHAPTER 21

規劃和排序

- 深入探索規劃和排序

- 指導產品經理做好排序

- 規劃和排序的方法

規 劃（Planning）與排序（prioritization）是個很大的題目，大到可以為它們單獨寫一、兩本書。因此，與其試著把規劃與排序的所有知識壓縮成一個（龐大的）章節，我會把重點放在如何用教練方式指導這兩項產品經理的典型工作上。

那麼，如何讓排序和規劃成為一個教練指導主題呢？一般來說有三種情況：第一種情況，產品經理主動向你——產品部門最高主管——尋求有關排序或規劃的協助，因為她對自己在這些領域的能力不滿意；第二種情況，作為產品部門最高主管的你，不認同產品經理用來排序和規劃的方法，你認為他在這些方面需要一些幫助和指導；第三種情況，也是最常發生的一種，利害關係人——包括開發團隊、行銷、業務、顧客或其他人——對產品經理的排序選擇提出抱怨，希望你採取行動。

你需要對這些情況做出應變。如果有人抱怨，請參考我在第 28 章〈處理衝突〉的建議，他們應該先自行和產品經理溝通，但如果溝通無效，就該由你來處理了。你接下來需要做的，是指導你的產品經理如何更妥善及更有效地進行規劃和排序。

一旦你意識到某位產品經理在規劃和排序方面需要指導，就要先找出潛在的問題。例如，這位產品經理的規劃和排序能力可能沒問題，但很不擅長向利害關係人和開發團隊解釋他對規劃和排序的流程與標準。也有可能他根本沒有足夠的能力做好規劃和排序，這就非常糟糕了——如果你的組織出現這種情況，請務必投入足夠的時間，幫助你的產品經理解決這個問題！最後，有可能是組織仍停留在需求是從上往下而來的瀑布流模式，尚未採用最新的規劃和排序方法，這種情況已經超出產品經理的能力範圍，你必須親自處理。[164]

深入探索規劃與排序

雖然規劃與排序有關，但它們其實是截然不同的活動。規劃是建立一份未來行動清單——通常按時間順序排列——這些行動可能是實現目標之所需。例如，如果你的目標是開發一個新產品，那麼規劃將包含從現在到未來某個時刻、實現最終目標所需的各個步驟。

另一方面，排序是一種有意識的選擇，根據謹慎挑選的條件來將所有可能的選項排定順序。用來決定順序的條件尤其重要，你們是藉由商業價值或團隊間的相互依存性來建立優先級別？還是僅憑直覺做出決定？身為產品部門最高主管，你可以幫助你的產品經理找出他們所面臨的特定情境中，有哪些條件是相對重要的。

---

164 第 27 章〈培養敏捷思維〉將會討論如何處理這個議題。

你的目標應該放在讓排序成為一項非常重要的工作，如果這個工作做得夠好，規劃就會變得相對容易許多。因此，我總是建議產品人員，要更加專注在釐清他們的優先順序。別誤會我的意思，有時在特定日期前完成某件事是必要的。例如，兩個月後有一場貿易展，你的產品必須在這之前及時完成，以便行銷團隊能在展覽上銷售它。然而，我的建議是，如果不是非常、非常必要的話，你應該要盡可能避免提供工作的完成日期，因為人們仍然傾向於將其視為是一種承諾。

有時候，將工作項目對應到時間軸上，有助於團隊更容易理解即將到來的任務是什麼。因此，若這個方法對開發團隊真的很有幫助，我認為使用時間軸、甚至看似瀑布式的計劃方式也是可以的。比方團隊在開會時，想要知道「他這段時間休假，她則是那段時間休假，我們怎麼確定事情可以如期完成？」這時候畫出接下來 8 週或 12 週的時間軸，看看工作要如何安排，的確是有其必要。

鼓勵你的團隊制定計劃，但要確保他們不對團隊以外的人展示計劃，或者你的組織能夠真正理解團隊在做些什麼。計畫並不是用來承諾某個時間點會完成某事，因為那是對未來做出預測，而事實上沒有人能夠做到這件事。

如果規劃對你們而言是個問題，可以建議你的產品人員多閱讀一些關於敏捷規劃的基礎知識。我一向喜歡用時間、範疇、品質和投資（人員配置）的四邊形來對團隊說明。[165] 舉例來說，假設你必須安排一個團隊在八週內交付一個固定範疇的產品功能，八週後需要在貿易展上展示這個產品，所以截止日期是不可更動的，最後結果很可能會是徹底失敗（什麼功能都沒做完），或是交付的功能品質遠低於平常水準。但如果品質和範疇是可變動的，這個團隊仍有機會為即將到來的貿易展交付一些有價值的東西。

---

165 這個架構過去被稱為專案管理鐵三角（triple constraint triangle），但幾年前有些更新：
https://www.smartsheet.com/triple-constraint-triangle-theory

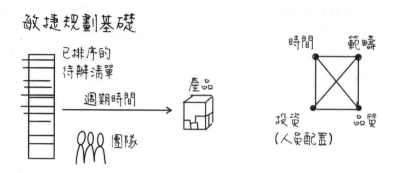

圖 21-1：重新回顧敏捷規劃基礎知識

因此，請確保你的產品經理了解這些依賴關係，並能對他們的利害關係人說明。此外，我總是建議我的教練指導對象要非常詳細地計算團隊可用人力。例如，考慮到一個六人團隊中每位成員每季休假四天，意味著每一季你都必須將總共 24 天的休假納入考量，如果你在規劃時漏掉這一點，你的計劃必然會出錯。

指導產品經理做好排序

稍後我會在本章提出一個具體的方法，讓你可以用來幫助你的產品經理做好排序工作。但在對他們的排序流程給予指導之前，我建議你先請他們記住以下基本大綱：

1. **設定你的排序。**哪些事情最重要、需要立即完成？哪些可以稍後再處理？鼓勵你的產品經理反思他們正在使用的排序條件，並提出哪些條件是他們謹慎挑選出來的。幫助他們理解，不可能同時存在兩個最優先的任務，但可以將產品探索與交付階段的「現在」「下一步」「未來」的待辦清單分別列出，以便讓大家都能看見全局。如果你的產品經理偏好同時擁有多個待辦清單，請維持每一個待辦清單都經過排序，並將它們保持在最新狀態，也要確保團隊知道他們目前正專注於什麼事情！

2. **說明並（有時）捍衛你的排序**。跟只列出順序但不做解釋比較起來，更好的做法是說明你的優先順序是什麼，以及為什麼選擇這樣的排序。請讓你的產品經理明白，人們可能會挑戰他們的排序方式，而他們應該欣然接受這樣的挑戰，因為若有更多聰明的人參與其中，會讓排序這件事情做得更好。

3. **堅持你的排序**。不幸的是，設定優先順序後，產品人員往往會因為 Christina Wodtke 在她的書《OKR 最重要的一堂課》中稱為「金蘋果」的事物分心。金蘋果是指那些看起來比待辦清單項目更有價值的事物。幫助你的產品經理快速評估這些金蘋果，看看它們是否值得分心，如果是，那麼重新調整排序是合理的。

4. **必要時調整排序**。雖然堅持你的排序很重要，但也要意識到世界總是在變化，這意味著你應該不斷地審視你的排序，以確保它們仍然是合理的。但如果你想要改變排序，試著去找出最佳的調整時機。舉例來說，開發團隊通常在衝刺結束時比較開心，這時候他們比較不在意事情被重新安排，但如果你在衝刺中途這樣做，那就是非常惱人的事情。

關於排序的真相

排序有一些基本的真相,這些真相甚至可能會為經驗豐富和準備充足的產品經理和產品組織帶來問題。讓我們來探討其中一部分的真相:

真相: 工作總是比可負荷範圍的更多。不管你的開發團隊規模有多大,永遠都不會大到可以處理所有事情,而這就是需要排序的原因。你永遠不會處於一個完全沒有待辦事項、或沒有想法要探索的情況。

真相: 無論在任何時間點,最優先項目只能有一個。所以,雖然你可能同時有一個探索階段的最優先項目,和一個交付階段的最優先項目,但如果這兩個項目涉及相同的人員,你的產品經理就需要決定哪個才是真正的最優先項目。

真相: 你需要有願景和策略,為什麼?因為這些通常是你用來排序事物的篩選條件。如果你的想法或手上的工作任務不符合公司願景或產品策略,你就應該放棄它。

真相: 你需要找出一種方式,用來盡早淘汰那些無法產生價值的想法。一個有價值的想法能夠通過必要的實驗階段並成為潛在機會[166],也就是應該成為開發待辦清單的項目——如果你把注意力放在這裡,那麼你需要排序事物的時刻大多會是在探索階段。好好運用你在探索和交付階段的垃圾桶——它們將幫助你對某些項目說「不」。

真相: 你需要使用適合你的排序方法。有很多方法可以排序你的工作,而最好的排序方法是那個適合你、並且你之後會持續使用的方法。(我目前的最愛是 Gabrielle Bufrem 的框架,你會在本章最後的延伸閱讀找到這個框架和一些其他方法的網址連結。)

真相: 總是會有「意料之外」(bugs、客戶支援、臨時事件、技術堆疊、營運狀況等等)和「隨時戒備」的事物需要處理。

---

166 更多關於這個主題的討論,請參考第 16 章〈假設驅動的產品開發和實驗〉和第 17 章〈平衡產品探索和產品交付〉。

一種規劃與排序的方法

有很多不同的方法可以幫助產品經理規劃和排序工作。在本章的最後一部分，我想跟你分享一種對我自己、以及對於多年來一起工作與指導過的對象都很有效的方法。

步驟 1：分析你們的工作量。 回顧一下過去兩季你們完成了什麼。例如，如果你現在想要規劃下一季的工作，可以運用「岩石、鵝卵石、沙子」模型，[167] 在過去兩季，你們完成了多少大、中、小項目？這個問題的答案將為下一季的規劃提供一個相當穩健的基礎。

步驟 2：收集所有項目。 將所有人希望在你的軟體中看到的東西累積起來：與使用者／顧客和相關利害關係人（包括你的開發團隊）對話，獲取他們的想法。檢查目前在你的探索和交付待辦清單中的項目（還沒做完的部分）。基於你敏銳的直覺、你的目標以及你想要取得的成果，思考一下你最想做的事情是什麼。這款產品需要具備什麼特質？在測試或建造時有哪些功能讓你感到興奮？進行交叉檢查——你是否已經考慮過新的可能性、創新的想法、發展現有機會、改善組織內部（例如，讓你的客戶服務團隊的工作更有效率）和技術債等問題？

---

167 在第 17 章〈平衡產品探索和產品交付〉有關於此模型的詳細說明。

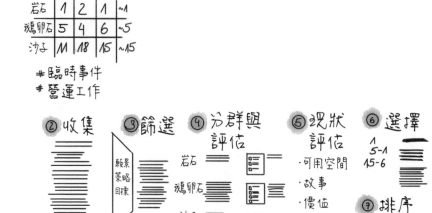

圖 21-2：一種規劃與排序的方法

步驟 3：篩選。檢查你想做的事情是否符合組織願景和策略、以及當前或下一季的目標。這會是你第一次否決某些項目的時機，查看下一頁的「機會評估方法」來協助你篩選。

步驟 4：分群與評估。通過步驟 3 篩選的項目需要被分群並進行評估。使用你的條件清單（例如，對顧客的影響、對業務的影響、不採取行動的成本、和其他團隊或各方的相依性等）對這些項目進行排序，甚至把一些淘汰掉。使用岩石、鵝卵石、沙子模型對項目進行分群。這個評估過程會產生第二輪的項目否決。

步驟 5：進行現況評估。假設你決定團隊可以做 2 個岩石（大型項目）和 5 個鵝卵石（中型項目），那麼對 10 個岩石進行研究調查就沒有任何意義，因為你的時間只夠做 2 個。根據你現有的可用空間、你正在講述的故事、對使用者的價值以及團隊的可用人力來進行現況評估。這將產生第三輪項目否決。

步驟 6：選擇。做出最終選擇。

步驟 7：對你的優先事項清單進行排序。只能有一份清單，以確保團隊只有一個最優先項目。

備註：確保每個人都清楚「否決」對某些項目來說是「之後做」或「接下來做」，對某些項目來說是「絕對不會做」。必須清楚說明你對每個想法 / 行動 / 功能所做的否決是哪種。

協助「步驟 3：篩選」的機會評估方法

在篩選步驟中，我會提出一系列的問題，目的是評估一個想法是否值得投入更多探索時間。如果問題的答案都是正面的，我就會把這個想法稱為是一個機會，並樂於將它加入探索待辦清單。如果這些問題難以回答，你就知道現在不是優先考慮這個想法的時候。

- 這個想法的基本假設是什麼？我們是否已經理解潛在的顧客問題？[168]

- 現在是否為驗證這些假設的合適時機？大致上需要做什麼來驗證它們？（需要大量實驗還是只需更多的資料研究？）

- 這些基本假設有多大風險？（如果我們認為自己是對的、並因此建造了這個東西，但在最後發現其實是錯的，會帶來災難性的結果嗎？）

- 這個想法是否有任何商業潛力？潛力有多大？（如果沒有，這個想法現在就應該被淘汰！）

---

168 請參考第 16 章〈假設驅動的產品開發和實驗〉。

- 我們可以想出能夠解決顧客問題的潛在解決方案、以及這個解決方案的執行方式嗎？我們認為投入資源與帶來成效的比率是合理的嗎？

- 不採取行動的機會成本是什麼？

- 我們能否提升產出的價值？

- 我們能否藉由合作來降低成本或最大化成效？

最終，你的產品經理應該力求：

- 能夠說明他們在每個階段（探索、交付、驗證）的當前優先事項。

- 擁有達成目標的策略（確保他們知道要優先考慮什麼，確保他們有自己的標準，確保他們進行現況評估）。

- 能夠解釋他們是如何做出目前的決定（列出他們的決策流程紀錄）。

- 能夠說明優先事項是什麼（現在的、接下來的、之後的）。

- 能夠解釋為什麼某些事情不是優先事項（不符合我們的策略、對於我們當前的目標沒有幫助、實驗結果發現不如預期、沒有為使用者帶來足夠的價值、開發成本過高等等）。

延伸閱讀

- Gabrielle Bufrem 談論說「不」的藝術的精彩 Podcast
https://www.strongproductpeople.com/
further-readings#chapter-21_1

- Gabrielle Bufrem 的評估方法
  https://www.strongproductpeople.com/
  further-readings#chapter-21_2

- 幫助評估事項積累的框架
  https://www.strongproductpeople.com/
  further-readings#chapter-21_3

- Nancy Duarte：偉大演講的秘密結構
  https://www.strongproductpeople.com/
  further-readings#chapter-21_4

- 排序四象限：為成熟產品收集和分類工作項目及想法

  - Barry Overeem https://www.strongproductpeople.com/
    further-readings#chapter-21_5

  - https://www.strongproductpeople.com/
    further-readings#chapter-21_6

CHAPTER 22
增量和迭代

- 為什麼要需要增量和迭代？

- 協助你的團隊釐清

- 講述故事

增量（increments）和迭代（iterations）是相當基本的主題，作為產品部門最高主管，我相信你對它們非常熟悉。然而，我發現新手人員往往難以掌握這些概念，所以需要你來對他們進行說明和指導。在本章中，我將概述在說明這些主題時需要留意的重要事項。

如果你儘早且頻繁地交付產品功能[169]（本章後面將會討論為什麼應該這樣做），當然不會所有事情都完美無缺，像是產品部署有時候需要重做。我們將這樣的做法稱之為迭代——專注於產品的特定部分並改善它們。然而，除了對現有功能進行迭代之外，還必須藉由提供新功能來帶給客戶價值，然後從中獲利。為了實現這些目標，我們透過有意義的增量來提升產品價值，這些增量就是幫助你打造極致產品的「小型發布」（minireleases）。

---

169 關於這個用語的最早引用之一是來自於 Jim McCarthy 的書《*Dynamics of Software Development*》：https://www.amazon.com/dp/1556158238。繁體中文版《微軟團隊成功秘訣》，華彩軟體，已絕版。

所以，要如何幫助你的產品經理想像與理解增量和迭代的概念呢？我認為下方的圖 22-1 會有幫助，你可以一邊畫圖、一邊解釋這些概念。

圖片的上方用來說明增量，我們透過交付新的增量（編號為 1、2、3…等）一點一點地添加新功能。我也喜歡用圓圈來說明增量，如圖所示，每個增量都是在建立一個新的、更大的功能圈圈（標記為 A、B、C…）。圖片的下半部用來表示迭代，我們透過一系列的編號（從 1 到 1.1、從 4 到 4.1 等）來改進現有的功能。

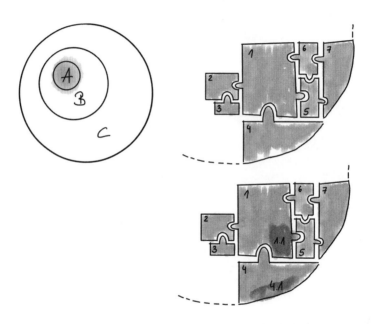

圖 22-1：增量（新增功能）與迭代（改善功能）

你也可以使用「從零到一的階段」（又稱為「第零階段」）來形容產品上市之前的時間，這在新創公司或是大型公司開拓全新業務時相當常見。對組織來說，這是個很有挑戰性的階段——你必須深思每個增量的適當大小，以及迭代的合適次數——但它也提供了打造創新解決方案的機會。

為什麼需要增量與迭代？

為什麼我們要以增量的方式發布軟體呢？又為什麼要對已發布的內容進行迭代呢？請向你的產品經理說明，其實增量和迭代可以幫助他們進行排序和做出決策。以下是三個主要原因。

1. 我們希望藉由儘早發布產品來啟動學習。 當我們開始獲得使用者回饋及觀察使用者行為時，學習效果就會大幅提升。當然，這只在我們發布一定規模的內容時才有可能，如果使用者沒有使用你的產品，你也無法觀察到他們的行為，對吧？我們試圖回答以下問題：使用者是否購買該產品？如果購買了，他們是否會使用它？還是購買之後就忘記了，因為產品對他們來說不夠有吸引力？我們能做些什麼來改善產品，使其對使用者更有吸引力，讓產品更可能被使用並開始提供價值？

2. 我們想幫助開發人員讓事情保持簡單。 如果你花了好幾個月、甚至更長的時間開發一個大型軟體，事情會變得超級複雜。因此，最好是讓開發團隊盡可能地經常交付——若可行的話，甚至是持續交付。[170] 如此一來，程式碼庫（code base）的合併衝突（merge conflicts）會更少，QA 測試會更容易，而且軟體發生意外的機會也會更低。

3. 我們希望儘早創造商業效益。 建造產品的最終目的是銷售及營利，雖然你不會從第一個迭代中賺到很多錢——這不應該是目標——但你會想要知道使用者是否願意為你的產品付費。您能找到一些願意為你的小型初版產品付費的使用者嗎？如果可以，這會有額外的好處，可以縮短產品的上市時間。

總結來說，你想要的是一個小而簡單、可發布的產品，它能為使用者創造價值、為你的團隊帶來學習並產生商業效益。

---

170 Jez Humble (n.d.). Continuous Delivery. 來源：https://continuousdelivery.com/

圖 22-2：藉由一個小而簡單、可發布的產品來
創造價值、啟動學習與產生商業效益

具有這些特性的產品通常被稱為 MVP——這是一個經常在產品組織中造成諸多混淆的術語。MVP 這個縮寫代表了諸如最小可行產品（minimum viable product）、最小有價值產品（minimum valuable product）、最小可行原型（minimum viable prototype）和最小可行平台（minimum viable platform）等等。可以這麼說吧，MVP 在我們這個產業有各式各樣的定義，同時也引發了許多爭議。因此，我建議你花點時間思考，MVP 對你自己的意義到底是什麼？

我們都很熟悉 Eric Ries 在《精實創業》裡定義的 MVP 是最小可行產品。根據他的說法，MVP 是新產品的一個版本，可以讓團隊用最少的力氣收集到最多關於顧客的驗證學習。對大多數產品組織來說，這個定義已經夠好了。

然而，Henrik Kniberg 提出了一種不同的方法，他建議使用最早期可測試產品（earliest testable product）、最早期可用產品（earliest usable product）和最早期討喜產品（earliest lovable product）等術語，以小步方式追蹤交付成果。[171] 我喜歡這個方法，因為可以把用來測試想法與假設的最基礎原型當作

---

171 Henrik Kniberg (January 25, 2016). Making sense of MVP (Minimum Viable Product)—and why I prefer Earliest Testable/Usable/Lovable. 來源：
https://blog.crisp.se/2016/01/25/henrikkniberg/making-sense-of-mvp

第一輪，接著在第二輪提供有基本軟體功能的真實產品，然後在第三輪時推出人們將會愛上的完整產品。

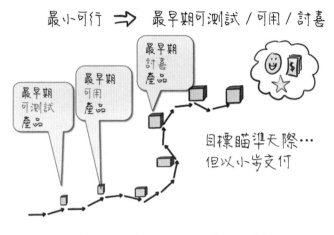

圖 22-3：Henrik Kniberg 的 MVP 方法

如果你偏好發布可以真正使用和可碰觸到的原型，那麼「最小有價值原型」可能是個適合你的術語。也可能你和 Henrik Kniberg 的想法有共鳴，希望將基礎原型命名為「最早期可測試產品」。無論你的決定為何，建議你找出最適合你組織的定義，向你的團隊說明，然後開始使用它。

協助你的產品經理釐清

即使你已經跟團隊解釋了增量與迭代的概念，但你可能會發現他們仍然相當迷茫。在這種情況下，我通常會先幫助他們理解使用者流程，並增加他們的規劃時間。我會問：這個早期產品版本真的有為使用者創造價值嗎？顧客真的可以試用看看嗎？我們應該要專注於讓使用者體驗到當初承諾給予他們的價值。

思考一下求職平台的例子，對於平台兩端的使用者——找人才的 HR 經理與找工作的求職者——功能和價值都會逐步提升。

- HR 經理可以刊登職缺 vs. HR 經理收到求職申請 vs. HR 主管找到理想的候選人

- 求職者可以找到招募訊息 vs. 求職者可以投遞求職申請 vs. 求職者獲得心儀的工作

幫助團隊找到他們的起點，例如建立一兩筆職缺並顯示於列表。下一步可能是增加搜尋職缺的功能。然後不斷增加更多功能，直到使用者能夠從產品獲得完整的價值——也就是 HR 經理找到理想候選人、求職者獲得心儀工作的時候。

這個目標涉及兩個相互競爭的規則：精簡的藝術（我們能省略什麼？）和完整的藝術（需要加入什麼？），而你得要兼顧兩者。產品必須盡可能地讓使用者覺得完整、有用和有價值，但應該省略掉所有對你從中獲得學習非必要的東西，這非常重要。

精簡的藝術

- 我們不能妥協的是什麼？（例如，我們需要讓他們願意付費，所以必須在產品的第一個版本中提供足夠的價值來實現這一點。）

- 我們現在需要（開發）這個功能嗎？這會增加我們的學習和使用者價值嗎？（例如，HR 人員喜歡統計數據，但這是我們需要放到第一個版本中的東西嗎？）

- 我們需要新增、顯示、修改和刪除的功能嗎？（使用者新增職缺但不能修改 → 只能刪除並重新建立職缺。這可能不太舒服，但在短期內或許可接受。）

- 我們需要自動化這個功能嗎？還是一開始可由人工手動完成？自動化之前要確保流程是正確的。（例如剛開始時可以由實習生手動開立與發送發票。）

- 可以接受不好看 / 粗糙的功能和介面嗎？（管理後台、追蹤數據等。）

- 產品具備可擴展性嗎？現在需要嗎？

完整的藝術

- 使用者可以完成他的目標嗎？（刊登職缺 vs. 投遞申請）

- 必須提供客服支援

- 能夠從中獲得學習（建立追蹤機制）

- 我們有沒有先解決最大、最複雜、風險最高的困難 / 問題？

在你與初級 / 助理產品經理進行求職平台的從零到一增量會議後，你的白板可能會看起來像這樣：

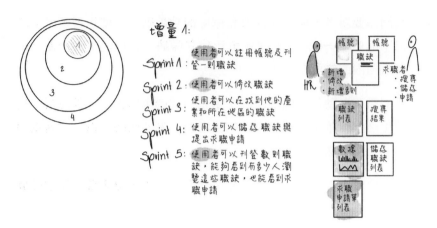

圖 22-4：視覺化求職平台的增量

關於 sprint 分配工作的備註：分配工作當然需要產品經理與團隊合作進行，但如果先有一個初稿，可以幫助每個人建立基本共識。

關於視覺化增量和迭代有許多不同方法，你可以使用洋蔥或金字塔模型——每一層顯示產品目前發展的階段——或者你也可以用流程圖來展示。

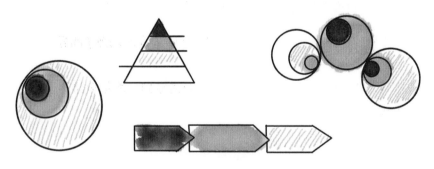

圖 22-5：視覺化增量與迭代

此外，你也可以使用以顏色作為區分的故事地圖（由 Jeff Patton 所推動）[172]，如圖 22-6 所示。貼在牆上的不同顏色卡片或便利貼也可以向團隊展示產品的發展方向。

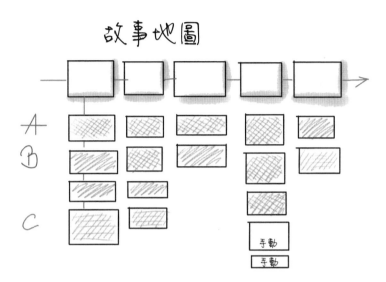

圖 22-6：一個展示了接下來三個產品迭代的故事地圖

迭代有一個常見的發展順序。第一次迭代——版本 1.1——聚焦於修復錯誤和程式碼問題，後續的迭代則專注於性能優化。我們會問，這些功能是否發揮了其應有的商業價值？它們在技術及性能上是否具備可擴展性？為了回答這些問題，我們會檢視使用者的回饋和使用狀況的數據——例如滿意度、參與度、採納率（adoption）等等。[173] 我們可能會移除那些沒有帶來預期價值的功能，並對保留下來的功能進行一些介面翻新。最後一個迭代是退役——產品完成它的任務，但人們已經不再使用它了。這個迭代可能是隱藏該產品功能、下架、最終刪除它。

---

172 Jeff Patton (n.d.) User Story Mapping. 來源：
https://www.jpattonassociates.com/user-story-mapping/

173 Marc Abraham/MAA1 (March 6, 2019). My product management toolkit
(36): Google's HEART framework. 來源：https://medium.com/@maa1/
my-product-management-toolkit-36-googles-heart-framework-cdcdd49f4e53

說故事

當你的產品經理決定了產品價值最大化的方式後，他們需要向產品開發團隊、利害關係人和高階主管講述相關故事。為了說出一個引人入勝的故事，你的初級／助理產品經理很可能會需要幫助——尤其在他們第一次做這件事的時候。你要幫助他們完成並排練這個故事，別讓他們孤立無助。

好消息是，下一章將會專門討論產品傳道和故事講述。

CHAPTER 23
產品傳道和說故事

- 我們天生就擅長說故事

- 講述一個好故事

- 讓你的故事餘韻無窮

雖然我們並不是一生下來就會說故事（因為那時還不會說話！），但每個人從很小的時候就有說故事的能力——這是 DNA 的一部分。我們會在童年期間提升說故事的技巧，因為我們從很早開始就知道，一個好故事能讓自己得到想要的東西。不僅是主動說故事，我們也從小就喜歡聽故事，因為它能夠吸引我們、娛樂我們，並幫助我們獲得新的見解。

好故事還會帶來生理上的影響，它能引發以下賀爾蒙的釋放，以非常強大的方式對我們發揮作用：

- 催產素，讓我們建立信任、慷慨大方和維持人際連結。

- 腦內啡，可以帶來笑容，也有益於處理恐懼、痛苦或不安。

- **多巴胺**，當你講述一個有跌宕起伏、令人期待後續發展的故事時，會引起人們想知道接下來會發生什麼的欲望。[174]

如同 Carl Alviani 在文章中指出：「我們用故事來思考，在故事裡保留回憶，甚至把經歷過的一切都變成了故事……」[175] 這種用故事來說服他人合作以解決問題的能力──特別是作為一個群體──給了人類這個物種獨特進化優勢，使我們能夠集體在這個星球上生存和繁榮。數千年前，人們合作狩獵晚餐。今日，則是一起努力解決新冠肺炎大流行。

圖 23-1：一個數千年前的晚餐故事

---

174 David JP Phillips (March 16, 2017). The magical science of storytelling. 來源：
https://youtu.be/Nj-hdQMa3uA

175 Carl Alviani (October 11, 2018). The Science Behind Storytelling. 來源：
https://medium.com/the-protagonist/the-science-behind-storytelling-51169758b22c

故事的作用

你在職涯中或許有過這樣的經驗，一個故事可以讓一群人團結起來——從小型產品開發團隊到整個公司都有可能。故事是一種工具，能讓一個人激發起許多人的動力，使人們想要運用自身技能和知識去解決棘手的問題。能夠做到這一點的故事包含了幾個關鍵要素：

- 描繪一個令人嚮往的未來。

- 清楚地說明為何你應該成為這個未來的一部分。

- 在指出當前情況的同時，描述可能出現的潛在困難，以及為什麼值得克服它們。

- 提出一個共同目標，並給予足夠的資訊，讓聽眾明白接下來的行動步驟。

世界上一些知名的公司品牌很擅長說故事，即使是短短的口號（通常只有幾個字）也能在顧客的腦海中喚起畫面，激發他們的思緒想像著更美好的未來。想想 Nike 的「Just do it」，Apple 的「Think different」，或 BMW 的「The ultimate driving machine」，而且他們都擁有傳奇人物，能將這些故事傳達給世界，也在自己的組織內部分享。

在我的經驗中，有許多產品因為產品經理無法講述一個好故事而未能問世，原因是產品團隊缺乏靈感且意見分歧，也說服不了內部利害關係人支持這項工作。就讓我來分享一則關於我自己「說故事」的故事。

我曾經是一個團隊的產品經理,也一直很擅長管理產品待辦清單和優先排序,準備充分的團隊儀式,並且能夠完成任務。我們團隊的產出很棒,但發布的產品並沒有對使用者的生活造成重大改變。我們已經進行了不少產品探索活動,並且不斷增加功能,隨著時間推移,我們對使用者越來越了解,但我還是感到沮喪,因為我不知道該如何打造真正具有影響力的產品。

我當時的產品教練 Marty Cagan 給了一個建議:我必須變得更擅長產品傳道(product evangelizing)(事實上,他說我當時幾乎沒有任何產品傳道的技能)。我和設計師及一名工程師一起進行所有產品探索工作,但我就是無法充分地向團隊和公司解釋我們所學到的東西。重要的資訊無法傳達,也激盪不出火花,團隊對我們分享的學習成果既不感興趣、也沒有受到激勵。

Marty 推薦我閱讀 Guy Kawasaki 的書《Selling the Dream》,我也照做了。[176]閱讀這本書後,我意識到說故事的重要性,而發展這項技能也改變了我接下來的產品經理職涯。我開始講述故事來團結產品開發團隊、說服利害關係人,並幫助行銷人員銷售產品。最重要的是,藉由把使用者置於故事的核心,我終於了解對使用者真正重要的事情是什麼。

故事一直是種完美的設計工具,而好的故事對於產品傳道者來說更是不可或缺。每個人都有能力創造故事,它很容易迭代,並且幫助你讓事情變得更清晰。此外,如果你專注於故事結構,就會減少可能的冗餘。很多商務簡報充滿了商業流行語(buzzwords)和產業術語(jargon),事實上這些都是空洞的詞藻,人們會麻木且抗拒這些訊息。因此,不要讓你的故事充滿流行語和術語,同時也要確保它們的結構清楚完整。讓我們往下探索一些對故事有幫助的結構。

---

176 Guy Kawasaki, *Selling the Dream*, Harper Business (1992)

講述一個好故事

好故事擁有一個明確定義的結構，讓人們容易理解和瀏覽。最著名的故事結構之一是「英雄之旅」（the hero's journey），由文學教授 Joseph Campbell 所闡述。英雄之旅從平凡世界開始，伴隨著一段冒險的召喚——可能是一個宏大的夢想或令人嚮往的未來——通過一系列的挑戰、嘗試與考驗，最終到達目的地，在那裡英雄達成了她的目標及成長蛻變，並與人們分享她在旅程中的學習。[177]

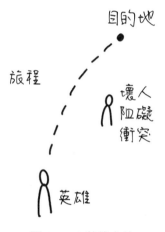

圖 23-2：英雄之旅

同樣地，我們對新產品的承諾、或對既有產品的改善召喚我們踏上冒險旅程。為了達成目標，我們必須激勵團隊並對準方向；銷售對於產品、服務或我們擁有的想法之願景；向高階主管請求更多預算、時間或人員支持我們的產品或團隊；讓其他人認同我們的策略；幫助他人做出艱難的權衡決策；向尚未成為顧客的人們解釋產品的價值；展示我們前進方向的產品路線圖；對

---

177 Ephrat Livni (October 26, 2018). This classic formula can show you how to live more heroically. 來源：https://qz.com/1436608/this-classic-formula-can-show-you-how-to-live-more-heroically/

人們的認可；打造個人品牌等等。重點在於激勵我們的團隊、利害關係人、高階管理層以及使用者——而不是去說服他們。

講述一個引人入勝的故事，能使這一切變得更加容易。

當你的產品經理為了激勵團隊、利害關係人和其他人，致力打造一則引人入勝的故事時，他們得將以下幾點納入考量：

- 描繪一個令人嚮往的未來／宏大夢想。

- 說明為什麼某人應該成為故事的一部分。
    - 對他有益
    - 對我們有益
    - 對所有人有益

- 對預期的困難做出評估，以及為什麼值得付出努力去克服它。
    - 設身處地，站在他人的角度思考
    - 以人性角度出發，表達對於他們的欣賞
    - 建立彼此的理解

- 提出共同目標。

- 創造急迫感，並提供引發行動所需的資訊。

為了克服不知如何開始的恐懼，我喜歡讓產品經理從以下簡短的模板開始（隨著時間推移，可以逐漸形成一個完整的故事）。只要根據他目前的情況，在空白處填入資訊，就可以成為創造引人入勝故事所需的基本要素：

為了 ＿＿＿＿＿＿＿＿＿＿＿＿＿＿＿＿＿＿＿＿＿＿＿＿＿

我們想要 ＿＿＿＿＿＿＿＿＿＿＿＿＿＿＿＿＿＿＿＿＿＿＿

因為如果我們不這樣做，＿＿＿＿＿＿＿＿＿＿＿＿＿＿＿＿

讓你的故事餘韻無窮

現在你已經有了故事，如何確保它能常存人心呢？

人們顯然會因為文字或話語而受到啟發和激勵——大多數人都曾被某位執行長或經理人描繪的美好未來鼓舞，並因此產生行動。我們同樣也會被繪畫和圖像所啟發和激勵，就是那種一張圖片勝過千言萬語的情況。當然，你還是需要故事本身。

我總是告訴我的產品人員，你需要這三者（文字、話語、圖像）和諧一致地運作。

當談到文字敘述時，我會鼓勵產品人員先決定，他們想把團隊還是使用者放在故事的中心，然後指導他們準備短、中、長三種不同長度的故事。

短故事就像是電梯簡報（elevator pitch）——不要超過 150 個字或 75 秒。（研究顯示，當你在線上對一位高階主管講述一段簡短且帶有資訊的故事時，他們的注意力最長只能維持 75 秒。[178]）

稍長一點的中等故事——大約 900 字或 6 分鐘。當你準備這個長度的故事時，思考一下要如何將它分為三段——就像戲劇的三幕——每一段 300 字。你會告訴人們你將要跟他們說什麼，然後說出故事主軸，最後告訴他們剛剛說了哪些內容。Jeff Bezos 以要求高階主管為亞馬遜的簡報寫出六頁結構式備忘錄而聞名，根據他所說：「我們在每次會議開始時，都會先安靜地閱讀文件，就像在『自修室』一樣。」[179]

長故事是在其他長度都無法讓你以引人入勝的方式講述故事時使用。再一次思考如何分段——在這種情況下大約分為三段，每段 800 字，準備總共大約 18 分鐘的口頭演講。TED 演講有 18 分鐘限制並非巧合，TED 策展人 Chris

---

178 Jeremy Connell-Waite (October 22, 2019). The 72 Rules of Commercial Storytelling. 來源：
https://www.linkedin.com/pulse/72-rules-commercial-storytelling-jeremy-waite/
179 Jeff Bezos (April 18, 2018). 2017 Letter to Shareholders. 來源：
https://blog.aboutamazon.com/company-news/2017-letter-to-shareholders/

Anderson 說：「這個時間（18 分鐘）足以做出一段嚴肅認真、且又不會過長而分散注意力的演講……藉由迫使那些習慣講 45 分鐘的講者將內容縮短到 18 分鐘，可以讓他們思考真正想說的話是什麼。」[180]

而且，你一定有在本書的頁面上發現，我是繪畫、插圖、圖片以及其他視覺元素的大粉絲，而這些都有助於講述故事。當你決定使用什麼視覺元素時，考慮一下哪一種會強調你即將說的話。事實上，你可以直接使用圖畫來表達你想對受眾說的話——也就是你希望他們接收到的訊息。

以下是一些準備故事時應該和不該做什麼的建議：

應該做的

- 刺激人們的大腦。

    ○ 使用喚起情緒的詞語

    ○ 使用觸發感官的詞語，包括嗅覺、觸覺、視覺、聽覺，甚至味覺

    ○ 引人發笑

- 讓你分享的故事保持切題、重要且真實。[181]

- 在講故事時展現你的好奇心和熱情，並顯示你的脆弱。

- 專注於和聽眾 / 讀者的心靈對話，而不是試圖說服他們相信某事（例如你的世界觀、聽從你的建議、購買你的產品等）。

---

180 Carmine Gallo (March 13, 2014). The Science Behind TED's 18-Minute Rule. 來源：
https://www.linkedin.com/pulse/20140313205730-5711504-the-science-behind-ted-s-
18-minute-rule/

181 David Axelrod and Karl Rove (n.d.). The Campaign Message. 來源：
https://www.masterclass.com/classes/david-axelrod-and-karl-rove-teach-campaign-strategy-
and-messaging/chapters/the-campaign-message

不應該做的

- 避開你的語境或環境中經常使用的詞語，例如「這是個艱難的一天」——人們會對它們充耳不聞。[182]

- 避免使用流行語、工具名稱和縮寫。

- 不要試圖操縱人心——故事講述經常會被濫用，特別在這個時代，人們越來越少關注數據和科學，並傾向於相信任何呈現給他們、吸引目光的假新聞。

一些提醒

任何人都可以創造和講述故事，但需要有個人（這意味著身為 HoP 的你）讓產品經理知道並展示這項技能的重要性。指出像 Nike、Apple——以及你自己的公司——是怎麼使用故事來建立品牌。創造和寫出故事需要付出大量的心血，但如果把這件事做好，這個故事可以讓你使用好幾個月，甚至好幾年。

若你的產品經理想要創造偉大的故事，他們應該要：

- 思考受眾是誰以及他們的目標是什麼

- 使用經過驗證的故事結構，以確保沒有遺漏任何事（例如，英雄、旅程和目的地）

---

182 Annie Murphy Paul (March 17, 2012). Your Brain on Fiction. 來源：https://www.nytimes.com/2012/03/18/opinion/sunday/the-neuroscience-of-your-brain-on-fiction.html

- 擁有講述這個故事的不同方式：短的、中等的和長的，以及文字、口語和圖示

- 讓它成為屬於他們自己的故事。產品經理應該不用花太長時間準備就能講述故事，因為這個故事太好了，好到不可能忘記！

最後，套句 Ben Horowitz 的話：「即使你有個偉大的產品，但只有引人入勝的故事才會讓公司動起來。」

你的故事又是什麼呢？

一些優秀的演說

- 這是個完美範例，展示出文字能啟發他人的力量有多強大。在這場演說中，Sarah Kay 說明了如何透過寫作來理解事物，以及如何開始你的故事：If I should have a daughter
  https://www.ted.com/talks/sarah_kay_if_i_should_have_a_daughter

- 你認為基於大量數據的故事講述會很無聊嗎？Hans Rosling 的演講將會改變你的想法：
  https://www.ted.com/talks/
  hans_rosling_let_my_dataset_change_your_mindset

- Matthew McConaughey 在奧斯卡獲得最佳男主角的演講也值得一看，請注意他簡潔有力的結構：Something to look up, something to look forward, something to chase
  https://www.youtube.com/watch?v=wD2cVhC-63I&t=127s

- Steve Jobs 的 2007 年 iPhone 發表會簡報，被視為有史以來最佳的產品演示之一
  https://www.youtube.com/watch?v=vN4U5FqrOdQ

- Al Gore 對於複雜主題的清晰解釋：The Case for Optimism on Climate Change

  https://www.youtube.com/watch?v=u7E1v24Dllk

- 這是一場一定要聽的演講！Bryan Stevenson 講述了一個關於不正義的故事

  https://www.youtube.com/watch?v=8cKfCmSqZ5s&t=1270s

- 這是一個由優秀演說家所講述、對你非常重要的故事，Simon Sinek 談論好的領導者如何讓人有安全感

  https://www.ted.com/talks/
  simon_sinek_why_good_leaders_make_you_feel_safe

延伸閱讀

- 故事如何改變大腦

  https://www.strong productpeople.com/
  further-readings#chapter-23_1

- 用故事講述策略是產品管理的一部分

  https://www.strongproductpeople.com/
  furthe-readings#chapter-23_2

- 我的產品管理工具箱——講述故事

  https://www.strongproductpeople.com/
  further-readings#chapter-23_3

- 為何產品開發的核心需要說故事的人

  https://www.strongproductpeople.com/
  further-readings#chapter-23_4

- 產品經理的故事講述之道
  https://www.strongproductpeople.com/
  further-readings#chapter-23_5

- 商業故事講述的 72 條規則
  https://www.strongproductpeople.com/
  further-readings#chapter-23_6

- Nancy Duarte：偉大演說的架構秘訣
  https://www.strongproductpeople.com/
  further-readings#chapter-23_7

CHAPTER 24
保持資深產品經理的參與度

- 精通、自主與使命

- 兩種職涯路徑

- 每年都有新鮮事

在你剛雇用了一位初級／助理產品經理時，你知道自己需要花很多時間在他們身上，包括做好入職培訓、將他們介紹給同事、幫助他們了解組織運作方式、讓他們開始處理顧客和產品相關工作──這些都是我們在第四單元探討過的。初級／助理產品經理需要一些時間才能逐漸上手。

然而，資深產品經理的情況又是如何呢？他們對於一起工作的團隊、顧客以及產品已經瞭若指掌。實際上，他們看起來如此獨立，讓你覺得可能不太需要干涉他們。

然而，這是個重大錯誤。

根據許多教練對話的經驗，我了解作為一名資深產品經理既覺得無比乏味卻又背負極大壓力──這兩者可能同時存在。在許多公司中出現了我所謂的「個人貢獻者進步真空」（Individual Contributor Progress Vacuum）現象，它的情況如下：

初級／助理產品經理知道自己有很多事物需要學習──他們每天都會感受到知識和經驗上的不足,因此,他們專注於填補自身能力缺口,努力成為稱職的產品經理。

然而,資深產品經理在擁有一定程度的專業能力後,卻面臨著下一步要往哪去的選擇。一般做法是轉換至人員管理(people management)工作,如此一來,他們不僅要負責打造產品,還要帶領開發產品的團隊──最終有機會成為 HoP 甚至更高的職位。

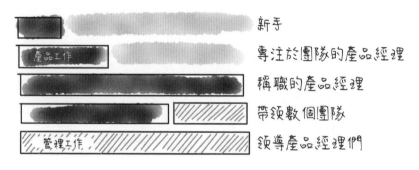

圖 24-1:不同階段的產品經理在產品與管理工作上的比例

問題是,許多資深產品經理並不想轉向管理工作──他們寧願繼續打造產品。導致的結果是,許多組織中的資深產品經理做著一遍又一遍相同的事情,並因此感到乏味。許多資深產品經理看到了這樣的趨勢,只好不情願地轉入管理領域,因為這是他們職業生涯能夠繼續往前的唯一方式。不願意這麼做的人,會感覺到自己的職涯停滯不前,如果公司無法解決這個問題,那麼這些資深產品經理就會越來越沮喪,最終只好開始尋找其他工作機會。

這是你可以且應該避免的人才流失風險!但該怎麼做呢?

精通、自主與使命

Daniel Pink 在《動機，單純的力量》中，探討了帶來真實動力的三個元素：精通（在自認重要事物上持續進步的渴望）、自主（掌控自己生活的渴望）和使命（為比自身更遠大事物服務的渴望）。[183] 根據他的說法，是這三樣東西驅動著人們，而不是給予好處的承諾或懲罰的威脅。

當你和資深產品經理共事時，思考一下你要如何幫助他們達成精通、自主和使命這三件事，你能做些什麼來幫助他們看見自己的進步？例如，你可以對他說：「我想讓你知道，我注意到你在為新產品建立一個使人信服的願景方面有所進步。」或者「我發現你在產品路線圖的規劃上越來越熟練——這真是太棒了！」

另外，還有四個詞，在反思如何與組織裡的資深產品經理互動時非常有用：

- 讚賞

- 認可

- 賦能

- 啟發

你的資深產品經理是否從你和組織中感受到這些事物？他們是否感到被讚賞、認可、賦能和啟發？如果沒有，你和你的組織能做些什麼來改變這種情況？思考以下問題的答案——你覺得自己做得如何？

- 公司是否重視個人貢獻？

- 是否有慶祝產品經理成就的儀式？

- 是否為資深產品經理提供指導初級 / 助理產品經理的機會？

---

183 Daniel Pink, *Drive: The Surprising Truth About What Motivates Us*, Riverhead Books (2009). 繁體中文版《動機，單純的力量》，大塊文化。

■ 是否為個人貢獻者（individual contributors）提供了職涯發展
路徑？

個人貢獻者的職涯發展路徑

當資深產品經理的能力發展到一定程度——也就是具備完成工作所需的技能
時——他們需要決定自己的職涯發展方向。產品經理可以透過以下四種方式
延續個人成長並發展他們的職涯：

■ 他們可以開始管理一個更大、更重要或更成功的產品。

■ 他們可以開始管理多個產品。

■ 他們可以管理一個規模太大而無法由單一團隊處理的產品。

■ 他們可以管理其他產品經理。

列表中的第三項有部分是管理角色，而最後一項顯然是走在人員管理的道路
上，因此，並非所有人都適合。

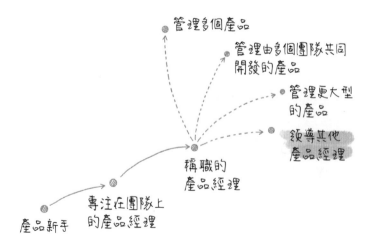

圖 24-2：典型的產品經理職涯歷程

兩種職涯發展路徑

在產品組織中，有些產品經理會想要保持個人貢獻者身份，而另一些人則希望進入人員管理領域，這兩個類型之間需要劃出明確界線。隨著你的產品經理在組織中晉升——從初級 / 助理產品經理到資深產品經理——他們在職涯中都會到達一個需要決定走哪條道路的時刻。以下是往人員管理或個人貢獻者發展的產品經理典型職涯路徑：

大型企業——人員管理職涯路徑

1. 產品長（Chief Product Officer）

2. 產品資深副總裁（SVP, Product Management）

3. 產品副總裁（VP, Product Management）

4. 產品總監（Director, Product Management）

5. 集團產品經理（Group Product Manager）

6. 資深產品經理

7. 產品經理

8. 初級產品經理 / 助理產品經理

大型企業——個人貢獻者職涯路徑

1. 高級產品經理（Distinguished Fellow PM）

2. 首席產品經理（Principal Product Manager）

3. 集團產品經理

4. 資深產品經理

5. 產品經理

6. 初級產品經理 / 助理產品經理

我個人偏好在這兩個職涯發展路徑中都設有集團產品經理——在這個位置的產品經理需要做出決定，是繼續擔任個人貢獻者，還是轉為人員管理者。集團產品經理是一個混合角色，身為資深產品經理仍要親自參與產品工作，同時也對更資淺的產品經理擁有一些管理責任。（如果你的組織較小，那麼這可能是資深產品經理的職責之一，這就是為什麼清楚的定義很重要！）

如果你在一家中型組織工作，那麼從資深到資淺的產品經理典型職涯發展路徑如下：

中型組織

1. 產品部門最高主管

2. 產品團隊負責人（Team Lead Product）或首席產品經理

3. 資深產品經理

4. 產品經理

5. 初級 / 助理產品經理

每年都有新鮮事

我認為資深產品經理會碰到的主要問題有兩個，一則是他們開始感到無聊，或是覺得自己的優秀表現沒有得到足夠認可。這是身為 HoP 的你有能力解決的問題——在你的資深產品經理失去動力、開始尋找其他工作機會之前就要好好處理。

我的建議是每年都要為每位資深產品經理規劃一個重大變化。這不僅會顛覆現況——將無聊轉變為興奮——若這個變化還能和他們追求的成就相符，將會使你的資深產品經理感到自己有被看見、被認可和被重視，而且他們就會有故事可說了。

以下是一些讓資深產品經理對工作保持熱忱的建議：

- 邀請他們協助你打造更好的船塢，與你一起塑造和完善產品開發流程（如果需要的話）。[184]

- 讓他們參與新任產品經理的入職培訓。具體來說，就是規劃培訓流程和內容，並實際執行部分工作（但不是全部──這仍然是你的責任）。

- 讓他們參與及回饋產品社群（演講、撰寫文章、參加小聚等等），這通常也有助於提升你的雇主品牌形象。

- 如果你的組織相對較大，你們可能已經有了卓越社群（communities of excellence）──也就是一些分享特定知識主題（例如快速成長或成長駭客）的小組。讓你的資深產品經理擔任領導或協調這類小組的角色。

- 請他們建立有助於所有團隊的指南，例如產品守則（Product Principles）和設計系統（Design System）相關工作。

- 提供他們新頭銜、新產品、新船塢或更高的薪資等等。

讓資深產品經理對工作保持興趣和投入並不容易。花時間與他們合作，並製造一些機會來運用他們豐富的經驗和專業知識，進而為你的組織和客戶創造真正價值。若你能做到這些，你的資深產品經理們會感受到自己被重視與珍惜，也更有可能留在目前的位置，也就是你的產品團隊中。

---

184 在第 1 章〈你扮演的角色〉中，我用船塢的概念來比喻公司內部的產品開發流程。

PART V

打造合適環境——
建立優良的文化

你和你的團隊在一個組織環境中工作，除了產品開發部門，還包括許多其他團隊，例如業務、行銷、財務、營運等等。作為產品部門最高主管，你的責任是在這個現存架構中創造一個環境，讓你的人員每天都能有最佳表現。在本書的最後一部分，我們將探討產品團隊在公司組織架構中的位置，如何從內部實現變革，如何培養敏捷思維，以及如何處理衝突。

正如 Melissa Perri 所說：「我告訴每一位說『讓我們先專注在處理團隊問題』的領導者：你的團隊會想辦法把自己的工作完成，直到有一天，他們意識到在這裡無法把工作做好，

是因為你沒有花時間為他們打造適當的環境，然後他們就會離開。」[185]

請為你的產品人員打造一個幫助他們成功的環境。

185　https://twitter.com/lissijean/status/1188439570955853824

CHAPTER 25
產品團隊在公司組織圖的位置

- 找到平衡

- 健康的衝突是必須的

- 當組織架構阻礙平衡時

你應該很清楚，產品經理處於一個獨特的位置——位於技術、商業和使用者的中心。產品經理致力於交付一個可用、可建造、有價值且商業可行的產品，而且這些目標必須同時達成。

但如果你的產品團隊報告的對象是公司的技術長或行銷長，要在這些方面達到平衡極其困難（甚至是不可能），因為他們會自然地偏向自己所屬的部門。實際上，如果你的產品團隊歸屬於技術或業務團隊，這可能是產品無法成功的原因，因為產品經理無法做出細緻與平衡的決策，或者他還在尋找必要的平衡，卻發現自己陷於永無止盡的討論，因而感到沮喪。

不要誤會——拉力之間造成的緊張局勢有其價值,但如果參與者之間不是平等的關係,這種局勢就無法完全發揮作用。關鍵在於產品人員在組織中應與工程和行銷人員有同等的發言權。

產品經理必須找出平衡

產品經理在努力打造創新、實用、有價值且高技術品質的產品給使用者的同時,還要嘗試滿足公司內所有可能的利益,因而面對莫大的壓力。這意味著,產品經理經常在維持各方面的平衡,若有個聲音比其他的更大——例如,當你的產品團隊向行銷長報告時——產品經理要找到平衡就更困難了。

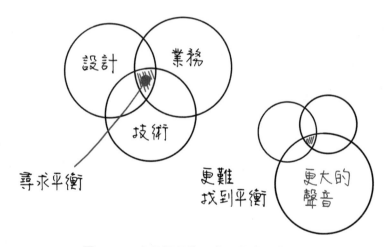

圖 25-1:產品經理的工作:尋求平衡

那麼，為什麼我要特別用一整個章節，來講述產品團隊在組織架構圖中應該位於哪裡？因為這是產品取得最終成功的關鍵。我曾經擔任產品經理很長一段時間，並在不同架構的組織中提供服務，加上七年的顧問諮詢經驗，我可以說，有些組織架構會讓產品經理在試圖達成這個重要平衡時遇到重大挑戰。

讓我們來探討產品團隊位於行銷部門，並向行銷長報告的情況。由於你的老闆是行銷長，你自然會傾向於支持行銷部門的目標，這些目標往往集中在現有產品的銷售上，因此，在行銷上取得成功將優先於處理技術問題，因為技術相對沒那麼重要。這種狀況在使用者體驗一致性和資訊架構等主題上也同樣明顯，因為這些主題往往與行銷部門的目標相悖。

同樣地，如果你的產品團隊位於開發／工程部門，並向技術長報告，對產品的內部自省（introspection）將會佔據主導地位，團隊可能會傾向於過早開始尋找解決方案，而不是花時間好好地了解基本的顧客問題。諸如「我們要如何構建這個產品？」或「最佳方案是什麼？我們要如何採用？」將成為焦點，而像是「我們該如何調整商業模式來滿足使用者需求，同時為組織創造更多營收？」或「我們怎麼確保產品上市策略堅若磐石？」這類問題就不是那麼受到關注了。

另一個困難狀況是開發團隊屬於產品部門的一部分。這種情況比你想像的還常見，而且我經常遇到，特別容易發生在那些不想聘請自己的開發人員、而是與代理商或外包開發人員合作的公司中。在這種情況下，產品經理直接對整個開發團隊發號施令，重點是快速交付功能給顧客——即使這些功能無法有效率地擴增、不易維護或未來難以發展。

健康的衝突是必須的，但各方的地位必須平等

在商業、技術和產品這三個不同領域之間總會存在衝突，這是一件相當正常、甚至是非常重要的事情。這種衝突迫使產品經理在了解使用者需求、打造提升其生活品質的產品同時，也要仔細聆聽來自不同領域的聲音。當產品經理能夠成功地在這些領域之間找到平衡並加以維持時，這時產生的衝突就是我所謂的健康衝突。然而，只有在產品管理部門與商業和技術部門處於平等地位，並擁有同樣的發言權時，這一切才會發生。

圖 25-2 展示了我在許多組織中看到成功運作的架構。（這是一個超級簡化的階層架構範例——公司通常是個矩陣組織，而產品經理應該與跨功能團隊一起工作！因此，這個圖表僅聚焦於你所屬矩陣的部門。）如你所見，產品管理部門與開發、行銷及其他關鍵部門位於同一層。此外，設計和使用者研究是產品管理部門的一部分，但與產品管理團隊位於同一層。

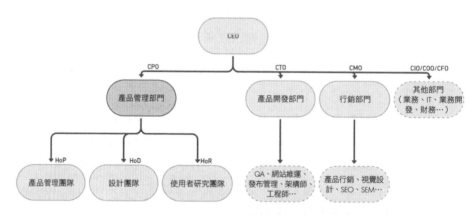

圖 25-2：最佳實踐：把產品部門和開發及行銷部門放在同一層

在這種組織架構中，雖然產品經理必須完整地說明他們的決策根據，並展現出試圖維護所有部門利益的態度，但他們不需要特別對某個部門負責。而產品長或 HoP 也可以與其他管理階層同事平等地討論事情，並解釋他的產品經理做出的平衡決策。

當組織架構阻礙平衡時該怎麼辦？

如果你的產品部門與技術和商業部門不處於同一層級，你該怎麼辦？在這種情況下，你需要運用你的說服力。[186] 關鍵是要從一個僵化的、階層式的架構，轉變為有機的、響應式的、敏捷的架構。最終，可能會需要進行組織重組。

要如何決定是否需要進行組織重組？請思考以下問題的答案：

- 現有架構能否支持快速做出決定？也就是當問題出現時，總是需要沿著整個報告鏈（reporting chain）往上呈報嗎？

- 產品經理是否能夠做出維持部門間利益平衡的決定，而不是做出的決策經常被推翻？

- 角色和職責的描述是否清晰，對員工來說是否明確？

- 現有架構是否有助於知識交流，讓擁有類似角色和職責的人能夠相互學習？

- 你所屬工作小組的目標和主題是否足夠聚焦？

- 在這種架構中，管理者是否有時間培育員工？他們是否擁有合適的技能和背景？

- 這種架構能否讓你在最大程度的自主性和一致性之間取得平衡？

---

186 我建議你先參考第 19 章〈跨職能產品開發團隊協作〉和第 27 章〈培養敏捷思維〉。

如果你答案中的否定越多，重新審視組織架構的需求就越大。麥肯錫發布了以下讓組織重組成功的九條黃金法則，你遵循的規則越多，成功機會就越大。

規則 1. 首先關注長期的策略願景——僅關注痛點通常會產生新的痛點。

規則 2. 花時間建立一個準確且可驗證，能夠反映目前架構、流程和人員的整體圖像。

規則 3. 藉由建立多個選項並在不同情境下測試它們，仔細選出適當的發展藍圖。

規則 4. 跳出框架；考量組織設計的三個元素（架構、流程和人員）。

規則 5. 以有序、公開透明的方式安排定義明確的角色。

規則 6. 識別並積極調整必要的心態，不要假設人們會自動遵守規則。

規則 7. 使用數據指標衡量短期和長期結果。

規則 8. 確保組織領導人與團隊進行溝通，並重新設計一段可以激勵與動員人們的敘事。

規則 9. 監控並減輕過渡時期的風險，例如業務營運中斷、人才流失和客服發生失誤。[187]

如果找到滿足這些基本條件的組織架構，而且產品經理能夠在和內部利害關係人持續地處於健康衝突的前提下、創造所需的平衡並做出必要的決定，那麼這家公司就是處於最佳狀態了。因此，作為 HoP 的你應該面對這個議題，才能避免不必要的衝突或不成熟的產品。

---

187 Scott Keller and Mary Meaney (February 2018). Reorganizing to capture maximum value quickly. 來源：https://www.mckinsey.com/business-functions/organization/our-insights/reorganizing-to-capture-maximum-value-quickly

然而，如果組織架構無法改變，那麼提供良好工作環境就更加重要了，這需要詳細的角色描述和明確的責任定義，以及每個人都保持正確態度（建立溝通橋梁，打破部門間的穀倉 (silos) 現象！）才能打造最佳的工作環境，並將內耗降到最低。

延伸閱讀

- 組織架構基礎：每間公司都應該要考量的九種組織架構
  https://www.strongproductpeople.com/
  further-readings#chapter-25_1

- 論組織重組：藉由重組來快速獲取最大價值
  https://www.strongproductpeople.com/
  further-readings#chapter-25_2

- 書籍：

  - *ReOrg: How to Get It Right* by Stephen Heidari-Robinson and Suzanne Heywood，無繁體中文版

CHAPTER 26

從內部進行改變

- 鼓勵新的工作方式

- 培養由下而上的變革

- 常見的由下而上變革倡議

大多數產品和開發團隊都在不斷改進他們的工作方式，藉以更快速地交付更好的產品——這是他們 DNA 的一部分。他們無時無刻都在嘗試各種新事物，也因此對他們的工作方式形成非常堅定的觀點。舉例來說，開發團隊是大多數組織中最先擁抱敏捷工作法的團隊，他們採用敏捷方法來規劃工作並取得成功，然後影響了周圍的人——產品人員、設計師、QA 等。最終，這些人也都成為敏捷的信徒。

在大多數組織中，敏捷的威力持續傳播，直到所有人都採用了部分的敏捷工作方式。能夠持久的組織變革很少是從上往下強制實施的，相反地，它通常是從組織內部的某個基層運動開始，也就是由下而上形成的。在本章中，我們將探討實現組織內部持久變革所需的條件。

鼓勵新的工作方式

身為 HoP，培養你的產品經理探索新工作方式的精神，對你、你的組織和產品使用者都是有益的。這麼做有兩個主要原因，首先，探索新的工作方式可以幫助組織提高效率並改善績效，昨日帶來成功的方式無法保證明日的成功，因此，我們必須不斷嘗試新的工作方式來保持領先。其次，它可以避免你的產品經理和開發人員感到挫折，特別是在組織裡只有少數幾個團隊成功地使用新方法，而其他單位卻以完全不同的方式工作時。

舉例來說，產品團隊通常是組織中最先愛上 OKR 方法（objectives and key results，目標與關鍵結果）的人，因為它可以帶來清晰度和正面成效。但無法避免的是，如果 OKR 無法普及到整個組織，它就會有侷限性而無法發揮最大潛力，在這種情況下，因為和組織裡不採用 OKR 的部門很容易產生衝突，許多團隊因此感到挫折與厭倦，最終只好放棄使用 OKR。

幸運的是，作為 HoP 的你能夠提供協助。你可以是指出這個問題的人，然後幫助他們培養由下而上的持久性變革。

培養由下而上的變革

在推動由下而上的變革方面，作為產品部門最高主管的你，可以採取一些策略來鼓勵產品經理進行持久且自發性的變革。根據我的經驗，以下幾種做法可能對你有所幫助：

1. 從小處著手，確保新方式有效。 在大部分情況下，你的某個團隊會單獨開始採用新的工作方式，這是件好事，但要確保這個方式在被廣泛地採用之前，團隊能夠先取得某些成果。若已經看到一些正面成效，則提供他們所需的協助（專業知識、教練指導和預算等等）以確保他們能夠達到目標，例如加快週期時間、提高清晰度和透明度等。

2. **建立成功案例**。一旦團隊成功地採用了新的工作方式，要對可能會有興趣的人分享這段故事。確保團隊能夠以吸引人的方式說明這是如何實現的，讓他們成為講述故事的人，並把眾人注目的焦點放在他們而不是你自己身上。

3. **尋找盟友**。培養由下而上的變革需要在組織中找到支持的盟友，才能讓變革成長與持久。這通常會以三種方式發生。首先，其他團隊或部門因為聽到了成功的消息而主動聯繫，希望從中學習並因此受益。其次，初始團隊的成員對於這項行動計劃感到興奮，他們會自行向其他團隊分享。最後，你可能會看到團隊的新做法帶來的好處，並鼓勵其他團隊嘗試。確保有個「易於執行的下一步」（例如，向內部的 IT/ 技術支援團隊介紹任務看板和站立會議），以及一個「令人驚訝的下一步」（例如，大部分組織中的 HR 部門通常對變革抱持開放心態，可以介紹這些工具給他們）。

4. **請人們分享成功故事**。隨著其他團隊採用新的工作方式並成功運用，鼓勵他們也在整個組織中分享他們的成功故事。

5. **開始說服組織**。在某個時刻，你需要獲得高層的認可，決定是否要支持這種由下而上的發展，是否要給予更多資源、並告訴每個人這是新的常態，或是決定要終止它（最後一項不是個好選擇，因為這可能會導致一些人離職）。

6. **幫助每個人成功**。一旦高層同意支持這種新的工作方式，你就必須制定一個（超輕量級的）推廣計劃，並幫助每個人成功執行。

一些常見的由下而上變革行動倡議

產品管理和開發團隊經常會傾向於一些變革行動倡議。密切注意你的團隊是否採納了這些倡議，再決定它們是否值得支持並在組織中推廣。以下是一些常見的例子：

- 以假設驅動的實驗和決策。[188]

- 使用關鍵績效指標（KPIs）進行數據驅動的決策。

- 採用目標與關鍵結果（OKRs），讓當前的目標和幫助達成目標的關鍵成果變得明確。

- 讓「做給別人看，而不是說給別人聽」（show, don't tell）成為他們的口頭禪。若有個團隊建立了可運作的原型（而不是規格完整的產品），並能儘早獲得對於他們工作成果的回饋，其他團隊看到後，就知道他們也可以這麼做！

- （更多的）敏捷工作方式。不是每個人都理解敏捷基本概念，這在許多公司仍會造成摩擦。因此，請將這件事保持在你的關注範圍。

當我思考如何在組織中培養由下而上的變革時，我想到了德國營收最高（超過 120 億美元）的零售商 dm-drogerie markt 創辦人 Götz Werner 的話。[189] 他曾經用德語說過：「Führen heißt nicht, Druck aufbauen, sondern einen Sog erzeugen。」[190] 這句話的大致意思是：「領導不是建立壓力，而是創造吸引力。」換句話說，最好的領導者不會逼迫員工做事，他們提供的條件將會自

---

188 請見第 16 章〈假設驅動的產品開發和實驗〉。

189 https://www.esmmagazine.com/retail/dm-drogerie-markt-ceo-looks-position-business-future-81964

190 Petra Blum, *Mitarbeiter motivieren und Kunden begeistern: Ein Blick hinter die Kulissen erfolgreicher Unternehmen*, Haufe-Lexware (2014)

然而然地吸引員工對自己的工作負責，每天都能夠全心投入，並激發出最好的自我。

這就是你作為產品部門最高主管應該努力創造的環境，來為你的組織和顧客產出最佳成果。

延伸閱讀

- 什麼是由下而上的變革
  https://www.strongproductpeople.com/
  further-readings#chapter-26_1

- 從上往下或由下而上的成功變革方法
  https://www.strongproductpeople.com/
  further-readings#chapter-26_2

- 書籍：

  - *Switch* by Chip Heath and Dan Heath，繁體中文版《改變，好容易》，大塊文化

  - *7 Rules for Positive, Productive Change* by Esther Derby，無繁體中文版

CHAPTER 27

培養敏捷思維

- 認識敏捷思維

- 運用敏捷宣言與敏捷原則

- 幫助組織導入敏捷思維

我們生活和工作在一個不斷變化的世界中──有人說這個時代的變化速度比以往都還要快。雖然我們現今所經歷的變動速度很難量化，但很顯然地，我們正在一個動盪（volatile）、不確定（uncertain）、複雜（complex）和模糊（ambiguous）的 VUCA 環境中進行商業活動。[191] 能夠在 VUCA 世界生存的，是那些具有快速適應能力的公司。

他們具備的正是敏捷思維。

我相信身為 HoP 的你對敏捷原則非常熟悉，但我還是整理了一些敏捷基礎知識，讓你在組職內推廣敏捷時可以直接運用。

---

191 Wikipedia (n.d.). Volatility, uncertainty, complexity and ambiguity. 來源：
   https://en.wikipedia.org/wiki/Volatility,_uncertainty,_complexity_and_ambiguity

敏捷思維

要在 VUCA 世界中生存和發展，公司的組織架構必須能夠應對持續出現的新勢力、不斷變化的需求以及模糊不清的目標。那麼，如何讓組織變得敏捷、並創造出敏捷思維呢？以下是敏捷組織的四項共同特徵：

- 對於未來提出具有可替代性、經過深思熟慮的計劃

- 透過多元管道與周遭環境不斷進行交流

- 採用精實（Lean）結構與流程，對領導方式的觀點保持敏捷

- 憑藉內部自有、具差異性和經驗導向的優勢[192]

根據我的經驗，現今的組織有三種類型：第一種尚未開始敏捷轉型，我認為這些組織遲早會走向滅亡，因為其他組織具有更高的適應性及競爭力；第二種擁有敏捷開發團隊和敏捷產品交付，但組織其他部分尚未採用敏捷方法（如果你的公司是這種類型，這 章會對你特別有用）；第三種則是真正的敏捷組織。

公司的不同部門對於適應動盪、不確定、複雜和模糊世界都有其獨特方式。對開發團隊來說，敏捷軟體開發法是對於這些挑戰的回答，例如自 1990 年代起就存在的 Scrum 和極限編程（extreme programming, XP）。另一個著名的模型是由工業工程師大野耐一開發的豐田看板排程系統（Toyota's Kanban scheduling system），用於及時生產（just-in-time, JIT）和精實製造（lean manufacturing）。[193]

---

192 Wouter Aghina, Karin Ahlbäck, Aaron De Smet, Gerald Lackey, Michael Lurie, Monica Murarka, and Christopher Handscomb (January 2018). The five trademarks of agile organizations. 來源：https://www.mckinsey.com/business-functions/organization/our-insights/the-five-trademarks-of-agile-organizations

193 Y. Sugimori, K. Kusunoki, F. Cho, and S. Uchikawa (1977). Toyota production system and Kanban system Materialization of just-in-time and respect-for-human system. *International Journal of Production Research*, 15:6, 553-564. 來源：https://www.tandfonline.com/doi/abs/10.1080/00207547708943149

敏捷工作法

敏捷是在 2001 年由 17 位軟體開發界的「組織領域的無政府主義者」（organizational anarchists）所提出，他們建立並簽署了一份被稱為敏捷宣言（Agile Manifesto）的文件。根據該宣言，雖然下列清單右側的項目有其價值，但左側項目受到更高度的重視：

- 個人與互動重於流程和工具

- 可用的軟體重於詳盡的文件

- 與客戶合作重於合約協商

- 回應變化重於遵循計畫[194]

從這些觀點衍生而出的敏捷價值觀包括承諾、專注、開放、尊重、勇氣、簡潔、溝通和回饋等等。當一個組織沒有致力於這些價值觀時，就像缺氧而熄滅的蠟燭一樣，敏捷思維將會窒息。

作為 HoP，你很清楚敏捷思維對於產品組織的價值。但不幸的是，並非所有公司都能完全採納這種思維。

大多數公司只採納了一些敏捷工作方式，而正是這「一些」造成了問題。現今有許多我稱之為「有點」敏捷的公司，他們在技術部門的某個部分開始了他們的敏捷之旅：某個團隊開始使用 Scrum 作為交付框架——他們導入 Scrum 儀式、工具和角色，並開始讓跨職能團隊在同一個空間工作。敏捷風氣通常會蔓延，直到所有產品開發團隊都以這種方式工作：他們不斷改進工作方式，盡可能透明地展示他們的進展，並迅速回應變化。

---

194 *Manifesto for Agile Software Development* (2001). 來源：
https://agilemanifesto.org/

但不知為何，這種風氣沒有蔓延到產品開發團隊之外，大部分的人們仍處於一個彼此孤立的階層化組織中，命令與控制（command and control）或微管理（micromanagement）是主導的管理風格。

在「部分敏捷」的組織中工作，對產品經理和其他產品人員來說是很糟糕的事。具體而言，他們將不可避免地需要做很多轉換工作。例如，若他們的開發團隊以敏捷方式工作，但組織的其他部門不是，那麼像是產品路線圖和其他類似事物就得要準備兩個版本，一個用於敏捷開發團隊，一個用於敏捷領域之外的部門。

一旦產品經理體驗到敏捷工作方式的好處，他們自然會希望看到整個組織都採用它們。當事與願違時，會讓這些產品經理產生很多挫敗感，他們得要一次又一次地解釋敏捷的基礎知識，並需要保護甚至捍衛他們的工作方式，以免受週遭組織的影響。這會花費很多力氣，且是一個持續消耗能量的根源。

因此，作為 HoP，促進敏捷思維並幫助整個公司——而不僅僅是產品組織——每天都變得更加敏捷是非常有意義的事。但是，要如何做到這一點呢？我建議採用以下三個步驟：

第一步是評估現狀。有兩種方法可以做到這一點，第一種方法是進行全面的組織評估，Prosci 敏捷屬性評估（如圖 27-1 所示）就是一種正式的評估方法。[195]

---

195 圖 27-1 是基於此文章：Stop Confusing agile with Agile. 來源：
https://www.prosci.com/resources/articles/stop-confusing-agile-with-agile

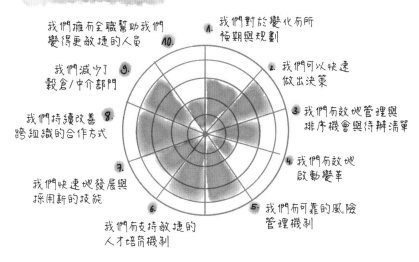

圖 27-1：Prosci 敏捷屬性評估表

另一種評估組織是否真正敏捷的方法，是觀察團隊在壓力下的反應。他們是否反射性地展現敏捷？他們是否自發性地分享洞察、思考替代方案及快速適應變化？他們是否以團隊方式共同應對，並發揮每位成員的優勢？如果能做到這些事情，你就知道他們已經真正敏捷了。

第二步是定義你要講述的故事。作為產品部門最高主管，對於那些尚未敏捷的部門、甚至是管理團隊，你要講述什麼故事？在他們的想像中，真正敏捷的組織是什麼？我最喜歡的比喻是將公司從一台機器變成一個有機體──一個能夠對外在世界和環境變化做出反應的生物。根據麥肯錫的報告，這種轉變帶來的優勢是相當令人信服的：

在面對壓力時，敏捷組織不只具有強健的韌性，隨著壓力的增加，表現甚至還會更好。研究指出，敏捷組織在組織健康方面有 70% 的機會排名前四分之一，這是長期表現的最佳指標。此外，這些公司同時實現了更加以顧客為中心、更快的進入市場時間、更高的收入成長、更低的成本以及更高的員工參與度。[196]

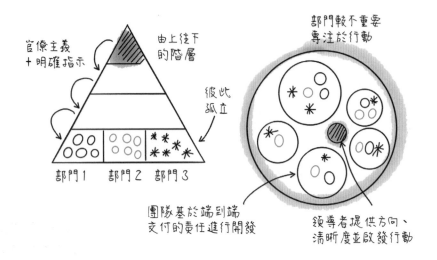

圖 27-2：從機器到有機體

第三步是決定你的時間要投入在哪裡。在幫助組織發展敏捷思維時，你通常無法同時投入所有面向。以下是三個你需要考量的重要領域：

---

196 Wouter Aghina, Karin Ahlbäck, Aaron De Smet, Gerald Lackey, Michael Lurie, Monica Murarka, and Christopher Handscomb (January 2018). The five trademarks of agile organizations. 來源：https://www.mckinsey.com/business-functions/organization/our-insights/the-five-trademarks-of-agile-organizations

- **心態**：人們是否已經在日常生活中實踐敏捷價值觀，像是開放心態與重視回饋？你如何幫助他們更加開放及給予更有幫助的回饋？

- **結構和流程**：審視你的資源投資決策和優先排序，以及組織如何衡量績效，這些方面是否已經反映出敏捷思維？你們是否實施了同地工作（colocation）、跨職能團隊和跨部門協作？

- **方法和工具**：團隊對於現行敏捷框架的基礎知識、內部通訊軟體或維基等協作工具是否熟悉？是否了解增量工作方式為何如此重要？

從什麼地方開始

如你所見，每當談論到在組織中培養敏捷思維時——尤其是大型組織或企業——總是有許多需要考量的面向。那麼，該從哪裡開始呢？根據我的經驗，產品部門最高主管應該專注於以下幾點：

- **敏捷基礎知識**。確保每個人都了解敏捷原則[197]、價值觀和敏捷宣言，以及如何將這些敏捷基礎應用於工作中。

- **敏捷決策制定**。做出好決策不僅僅是詢問團隊的想法、投票並遵從多數意見。你應該了解敏捷決策制定策略——多數決、共同討論、認可決（consent）、共識決（consensus）、否決權（veto）等等，並做好向其他團隊和管理層解釋它們的準備。

---

197 敏捷原則是由建立敏捷宣言的同一群軟體開發者所提出，你可以在這裡找到完整列表：https://agilemanifesto.org/principles.html

- **回顧會議**。對於每個想要開始敏捷之旅的團隊，回顧會議是個好的起點。它可以幫助團隊停下來進行反思，思考下個迭代應該有哪些改變才能取得更多成功。這可以應用在每個團隊上——即使他們不使用衝刺（sprints），仍然可以進行每月回顧。

- **任務看板和站立會議**。這些是每個團隊都能立即使用的實用工具與方法。我幫助過幾個 HR 部門建立他們的任務看板，且都取得非常好的成效。團隊裡的每個人都知道他們目前負責的任務、以及這些任務的狀態是什麼嗎？幫助團隊看到採用任務看板和站立會議的好處：更加公開透明、對自己的工作流程有更好的掌握、以及優化產出的可能性。

- **團隊動力學和動機**。每個人都應該熟悉團隊動力學（team dynamics）和動機的一些基本理論，包括 Tuckman 的團隊發展階段 [198]、團隊領導的五大障礙 [199]、X 理論 /Y 理論 [200] 等。

協助整個組織建立敏捷基礎知識，幫助高階管理層了解敏捷思維的優勢，並確保你的產品經理以身作則、成為組織中敏捷工作方式的推動者。如果能夠做到這些，你將會幫助團隊減少日常工作中的衝突，並看見一個更有韌性的公司，在 VUCA 世界中持續成長茁壯！

---

198 請參考第 19 章〈跨職能產品開發團隊協作〉的介紹。
199 請參考第 19 章〈跨職能產品開發團隊協作〉的介紹。
200 請參考第 9 章〈激勵的作法和誤區〉的介紹。

延伸閱讀

- 在 MTP Engage 的主題演講中，Jeff Patton 從產品經理的視角解構敏捷方法，並解釋為何在當今產品組織中，我們經常掙扎於產品負責人（PO）的定義
  https://www.strongproductpeople.com/
  further-readings#chapter-27_1

- 從敏捷交付到敏捷組織（由 Management Solutions 發表的報告）
  https://www.strongproductpeople.com/
  further-readings#chapter-27_2

- 幫助敏捷團隊共同克服重大挑戰的 33 種架構
  https://www.strongproductpeople.com/
  further-readings#chapter-27_3

- 書籍：

  - *Agile: The Insights You Need from Harvard Business Review* by Harvard Business Review, Darrell Rigby, Jeff Sutherland, Peter Cappelli, Phil Simon, et al. 無繁體中文版

CHAPTER 28

處理衝突

- 衝突的本質

- 理解並減少衝突的成因

- 解決職場衝突

有 個簡單的事實，管理產品就意味著要管理挫折。你總是要不斷地對你
的團隊、利害關係人和使用者說「不」——這樣你才能把自己和團隊
的精力集中在少數幾件事情上。然而，也因此造成產品組織之外的人可能會
感到被忽視，覺得自己的需求沒有被聽見，也不會有為了滿足這些需求的行
動展開。

簡而言之，產品組織就像是吸引各方衝突的磁鐵。

然而，令人驚訝的是，當我問我的客戶他們的工作環境中是否存在衝突時，
至少有一半的人會回答沒有。這當然是不可能的，當我們更仔細地觀察這些
組織內部時，總是會發現那裡的衝突和世界上其他的組織一樣多。

有人因為團隊成員總是在站立會議遲到而感到挫折；產品經理對於角色期望的定義不明確，導致團隊爭執誰應該負責撰寫產品待辦事項；某位產品經理在會議中打斷並壓過其他產品經理的聲音，讓他們在後續流程中明顯地展現出憤怒情緒。

請記住，當談論產品組織中的衝突時，我並不是指一群聰明的人辯論複雜想法或概念時產生的那種健康衝突或緊張，這種辯論有助於你的團隊創造更好的產品，並為使用者帶來更多價值。[201] 這一章我要談的衝突更加嚴重，也可能相當具有破壞性——導致信任被破壞、關係破裂、團隊分崩離析以及最終造成對產品的傷害。

然而，有些組織和其中的人員很擅長處理衝突——對他們來說這不是什麼大問題。我發現，這些組織通常有幾個共同點：

- 他們的**員工被充分賦能，並被鼓勵自行去解決身邊出現的衝突。**同時，如果他們自己無法解決問題，則鼓勵他們盡早向上呈報。[202]

- 他們的**員工了解在遇到對立情況時，如何處理下意識反射行為和情緒。**他們知道怎麼克服這種生理反應，並弄清楚真正的問題是什麼。

- 每個人都知道不僅要解決當前的衝突，**也要對衝突成因進行系統性的處理，讓這類事件在理想情況下永不再發生**（例如：HoPs可以與其他部門主管對話，以解決兩個團隊為爭奪資源產生的衝突等等）。

---

201 我在第 10 章〈建立個人和團隊的一致目標〉有簡短說明這一類的辯論。

202 請參考第 10 章〈建立個人和團隊的一致目標〉中對 XING「澄清宣言」（Clarification Manifesto）的相關討論。

要如何在你的組織運用這類經驗才能有效管理並且避免組織因為衝突而造成損害？首先可以做的是了解衝突的本質，接下來要減少衝突的成因，以及最後讓每個人學習衝突管理。

衝突的本質

正如我先前所說，發生衝突在任何組織中都是很自然的事情——當有兩個或更多人一起工作時，就有機會產生衝突。重要的是，在大多數衝突中沒有人一定是對或錯的，而是因為不同的觀點產生碰撞（例如，其中一方或雙方都感覺到他們的福利或「生存」受到威脅，無論事實上是不是如此），進而引發了分歧和衝突。

作為 HoP，處理衝突的主要方式有三種，你可以……

- 忽略它，希望它會消失

- 隨便處理

- 好好地處理

當然，忽略衝突並希望它會消失通常不是正確做法——衝突被忽略時只會惡化，因為它往往是感受到被威脅所引起，在我們面對並解決它之前，衝突通常會一直存在。清晰和開放的溝通才是成功解決衝突的基礎。

若你能處理並解決衝突，帶來的結果對你、其他當事人、你的團隊和整個組織都非常有幫助。當你公開且透明地處理衝突，你將會⋯⋯

- 獲得團隊成員的協力

- 改善績效和生產力

- 減少壓力及保持誠信正直

- 儘速解決問題

- 改善團隊合作關係

- 提升創造力

- 提高員工士氣

理解並減少衝突的成因

在能夠減少衝突之前，你需要先了解造成衝突的原因。我在下面的三組清單中列出了一些工作場合造成衝突的常見因素，並分配到本書涵蓋的特定類別中。

第一組衝突是組織系統和流程造成的結果。若能透過每次衝突所獲得的學習、在更高的維度解決問題，並以正確方式建立系統，這些衝突通常可以避免。[203]

- 競爭性質的目標

- 未明確分配的有限資源

- 好勝心、有害的工作環境、不健康的職場競爭

---

203 請參考第 5 章〈成為一個優秀的主管〉和第 25 章〈產品團隊在公司組織圖的位置〉。

第二組衝突在每個人都很在乎溝通和方向一致性時較少發生。[204]

- 不同的脈絡、知識或資訊

- 不明確的職務期望

- 不同的意見和觀點

- 不同的工作風格

第三組衝突主要與招募有關。[205] 如果你雇用的是合適的人，你應該已經確保了他們的個人價值觀與你的組織不相衝突。如果你在面試中審視了他們解決衝突和溝通的能力，你就會知道他們能否處理缺乏共識的狀況。

- 不同的價值觀

- 有害行為

- 不良的工作習慣 / 懶散的人

為了減少造成這些職場衝突的因素，務必要試著消除衝突的潛在原因：明智地招募、建立合適的環境並且真心在乎目標是否一致。最後，你需要確保每個人都能感到安全（心理安全感），並擁有解決職場衝突所需的溝通技巧，以及應對衝突的能力。

---

204 請參考第 10 章〈建立個人和團隊的一致目標〉。
205 請參考第 13 章〈面試、評估和雇用求職者〉。

經過驗證的衝突解決方法

既然已經知道了職場衝突的諸多原因，我們可以做些什麼來解決甚至預防它們呢？在你和產品經理一起解決衝突時，把以下幾點納入考量相當重要：

- **我們對衝突的反應是基於自身對情況的認知**，不一定是對事實的客觀評估。我們的認知受到生活經驗、文化、價值觀和信仰的影響。

- **衝突會引發強烈的情緒**。如果你對自己的情緒感到不舒服，或在壓力下無法管理自己的情緒，你將無法成功解決衝突。

最終，你和你的產品經理解決衝突的能力取決於：

- **快速管理壓力，並保持警覺心與冷靜**。在保持冷靜的狀態下，你可以準確地解讀言語與非言語的訊息。

- **控制情緒和行為**。當你能控制自己的情緒時，就叫以在不威脅、恐嚇或懲罰他人的情況下溝通自己的需求。

- **留意他人表達的感受**以及他們說出的話。

- **能夠意識到差異性並給予尊重**。避免對他人不尊重的言語和行為，絕大多數時候都會讓你更快地解決問題。

解決衝突的兩步驟策略

我發現,下面這個兩步驟策略對於解決產品組織中的衝突非常有效。多年來,我和我的教練指導對象(coachees)都已經成功地使用了這種方法,希望它也能幫助你指導你的產品經理。

步驟 1:不要讓情況惡化!

當衝突爆發時,你的目標必須是保持冷靜,指出並承認衝突的存在,並表達進行對話的意願。然而,與其立即討論問題,不如準備一次及時的後續會議,釐清是否需要關聯其他人(出於調解目的,或因為他們也受到影響),並思考什麼地方最適合平靜地交流想法。

作為一名產品經理,你可以這麼說:「十分鐘後,在 A 會議室與我們的敏捷教練談談吧。」或者你可能會說:「我完全理解你的不開心,也想和你談談,但我希望讓整個團隊參與。如果我們在下一次回顧會議中討論這個問題,你覺得可以嗎?」你的目標是讓「爆炸」時刻過去。

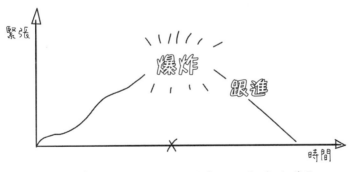

圖 28-1:解決衝突的週期與備忘事項

步驟 2：舉行後續跟進會議

在你意識到衝突並將其指出之後，下一步是與相關人員舉行後續跟進會議。以下是會議中需要做的一些具體事項：

1. 承認衝突——這建立了共同基礎「我們同意彼此意見不同。」

2. 傾聽對方的觀點。

3. 找出彼此相似之處。

4. 承認錯誤。

5. 專注於當下——找出誰對誰錯不是重點，重要的是問出：「我們接下來怎麼做？」

6. 把焦點放在問題上，關注行為而非個人特質。

7. 願意原諒並懂得何時放手。

8. 若有必要，找個調解員加入。

如果你或組織中某人在解決衝突過程中擔任調解員的角色，這裡有一些調解員在跟進會議中應該做的具體事項：

1. 承認困難的存在。

2. 不要讓雙方互相指責。「你從不……」「每當我 _____，你就 _____。」

3. 讓每個人表達他們的感受。（考慮文化差異，但避免刻板印象。）

4. 保留時間進行反思／暫停／檢視目前的認知。

5. 定義問題。

6. 確保他們承認彼此的相似之處。

7. 確認潛在需求。

8. 找出彼此有共識的範圍，不管有多小。

9. 找到滿足需求的解決方案。

10. 確認你將如何跟進以觀察後續行動。想像一個更好的未來，提供正面轉變：「藉由採取這些步驟，這一類事情就不會再發生了。」

11. 確認若是衝突未解決，你將採取什麼行動。

Marshall Rosenberg 的非暴力溝通框架

另一個解決衝突的好方法是由 Marshall Rosenberg 所提出的非暴力溝通（*nonviolent communication*）。[206] 我能看到你現在頭上的問號——「暴力？我們公司可沒有！」這正是重點——我們可以在不需大吼大叫的情況下解決衝突。根據 Rosenberg 的說法，我們應該以一種激發他人同理心的方式表達自己，然後以同理心聆聽他們。

圖 28-2 詳細描述了 Marshall Rosenberg 對於解決衝突的方法。以兩位產品經理處於衝突的狀況為例，每當其中一位產品經理做簡報時，另一位總是在看他的手機——這讓做簡報的那位產品經理感到很不爽。

你可以鼓勵第一位產品經理以非暴力方式處理這個衝突。例如，他可以這麼說：「當我做簡報時，我注意到你總是在看手機，這讓我難以集中精神進行簡報，因為我會分心想著為什麼你要這麼做，是我的簡報太無聊了嗎？你不想參加這場簡報會議嗎？結果我因為你的行為感到不愉快。我需要集中精神清晰地傳達我的訊息，所以，在我做簡報時，請不要一直看你的手機。」

我強烈推薦你試試 Rosenberg 的方法，甚至可以在你的組織中舉辦小型工作坊，並安排每個人參加。

---

206 https://youtu.be/DgaeHeIL39Y

觀察	當我看見／聽見……	當你看見／聽見……
感受	我覺得……	你是不是覺得……？
需求	因為我需要……	是因為你需要……？
請求	所以，我現在要…… 所以，我想要請你……	你希望我……嗎？

圖 28-2：非暴力溝通

無論你採取哪種方式幫助你的產品經理（以及組織中的其他人）處理衝突，最重要的是你要花時間去做這件事。以下是一些建議：

- 抽出一些時間來改善公司的衝突文化。

- 以身作則——你的團隊需要看到管理層如何處理衝突。

- 建立衝突詞彙表和溝通訓練。

- 如果你需要調解員加入，可以尋求你的敏捷教練或 HR 部門同事的幫助。

表達情感

有許多我們可以用來表達情緒、感受和需求的詞彙，提醒人們使用這些詞彙是有幫助的。以下是我根據國際非暴力溝通中心的官網資訊，稍加編修的情感表達詞彙清單：[207]

當需求得到滿足時的感受

投入	興奮	自信	受到啟發
專注	驚奇	賦能	驚奇
警覺	活躍	開放	敬畏
好奇	熱情	自豪	奇蹟
全神貫注	激發	安全	
陶醉	大吃一驚	有保障	
出神	眼花繚亂		
著迷	渴望		
感興趣	精力充沛		
被吸引	熱心		
參與	暈眩		
被迷住	振奮		
受刺激	活潑		
	激情		
	驚訝		
	充滿活力		

---

207 (c) 2005 by Center for Nonviolent Communication Website: www.cnvc.org Email: cnvc@cnvc.org Phone: +1.505-244-4041

當需求沒有得到滿足時的感受

害怕	生氣	傷心
不安	勃然大怒	消沈
恐懼	暴怒	沮喪
不祥的預感	憤怒	絕望
受驚嚇	憤慨	洩氣
不信任	發怒	失望
恐慌	非常生氣	氣餒
驚呆	氣憤	灰心
害怕	憎恨	孤立無助
		陰鬱
		沈重
		無可救藥
		憂鬱
		不高興
		可憐

到頭來，領導一個產品組織全部都是和人相關的事，也全都和身為 HoP 的你如何回應人們的情感和需求有關。這是作為本書結尾的最佳主題，若要在產品組織裡成功扮演領導者的角色，你需要具備深刻的人性關懷，並且由衷地幫助他人成為更好的自己。

優秀的產品領導人幫助他人發展和建立優勢，打造一個具有心理安全感的工作環境，激勵團隊為顧客和周遭世界創造更偉大的成效，並在道路沿途點燃明亮的燈火，引領大家前行。

當他們能夠做到這些時，所有人都會從中獲益。

延伸閱讀

- 非暴力溝通與自我覺察（Maria Engels）
  https://www.strongproductpeople.com/
  further-readings#chapter-28_1

- 非暴力溝通簡介（Marshall Rosenberg）
  https://www.strongproductpeople.com/
  further-readings#chapter-28_2

- 如何修復工作關係
  https://www.strongproductpeople.com/
  further-readings#chapter-28_3

- 如何快速（且有效地）修復職場中的受傷關係
  https://www.strongproductpeople.com/
  further-readings#chapter-28_4

- 職場衝突的真實成本：

  - Jennifer Lawler：職場衝突的真實成本 https://www.
    strongproductpeople.com/further-readings#chapter-28_5

  - helpguide.org 提供的衝突解決技能 https://www.
    strongproductpeople.com/further-readings#chapter-28_6

最後的提醒

撰寫一本書的過程包含一個被稱為「同儕審查」（peer review）的步驟。以我自身為例，有 38 個人閱讀了手稿的部分內容，以及 22 位產品同行閱讀了整個作品並提出評論。除了他們提到的許多小問題（在科技產品中我們會稱之為易用性問題）之外，幾乎所有人都說：「這本書的內容深刻、豐富、充滿許多好建議——只是內容可能有點太多、有些過頭了。」

但當我深入詢問：「有沒有特定章節中的框架或表格，是你覺得不必要或沒有用的？」得到的答案總是：「坦白說……沒有。所有的內容對我來說都是相關的。事實上，既然你問了，也許你可以多談談心理安全感、產品開發中的道德和倫理，並增加更多關於如何塑造願景和策略的故事和範例。」

看吧，訊息互相衝突。

我應該認真地縮短篇幅、刪除一些關鍵概念嗎？還是我應該增加更多的故事和主題？問題是，我的目標不是寫一本產品手冊，我想寫的是一本關於人才發展的書，並提供一些如何在特定產品相關主題指導人們的建議。

但我從回饋中意識到的是,一旦產品領導人開始閱讀這本書,他們就會感受到自己的工作實際上是多麼的複雜。

因此,我假設這正是你目前的感受。當你領導一個產品組織時,有許多必須照顧的事情。

- 你必須建立你的產品團隊,並聘請合適的人員。

- 你必須確保產品開發組織正在交付成功的產品——解決使用者真實問題的產品,因此為使用者創造如此多的價值,以至於他們樂意為此付費。

- 你必須確保團隊中每個人都在持續學習,並逐漸精通專業,如此一來,他們工作成果就會隨著時間推移而變得更好,而他們也能保持快樂和動力。

- 你必須影響整個組織,以確保產品開發團隊能在最佳環境中運作。

簡而言之:你得要同時關注人員、產品和流程。這代表著許多的責任,也就是為什麼這份工作感覺起來如此複雜、本書內容也如此深刻與豐富的原因。

但我希望這本書(以其深刻豐富的方式)能讓身為產品領導人的你生活變得更輕鬆,你可以使用這本書作為指南、工作上的陪伴、以及需要建議時的可信資訊來源,至少內容涵蓋了與人才發展相關的大部分主題。

所以,我要留給你一些關鍵重點的提醒——這是一份回顧我在前面三百多頁談論內容的便利清單:

- 請寫下你對於一個優秀且有能力的產品經理之定義,以及在你目前的組織中,成為一個好的產品經理所需要具備的條件(可以先參考 PMwheel,再根據你的需求進行調整)。

- 使用這個定義來進行招募、入職培訓、給予回饋和個人發展對話。

- 思考你對每個產品經理的願景。他們最終能在職涯中實現什麼？你如何幫助他們更接近這個目標？

- 永遠要記得分配給每一位產品經理「下一個更大的挑戰」，以確保他們持續學習。

- 建立一種教練心態，幫助產品經理們理解你認為要如何成為好產品經理。協助他們識別自己的不足，看看他們應該在哪些方面提升，以及——也許是我最重要的建議——幫助他們了解「更好」到底是什麼樣子。

我知道這一切都需要努力和時間，但這是值得的。有許多研究顯示，如果人們在一個重視持續學習和個人發展的環境中從事有意義的工作，他們在公司任職的時間往往會更長。

請在繁忙的行程中抽出一些時間，並將人才培育放在更高的優先順序。

還有一件事：我知道領導一個產品組織可能是個非常孤獨的工作，如果對你來說是這樣的話（我知道對我來說經常是如此），請務必與產業裡的其他產品領導人交流，已經有越來越多專門為產品領導人建立的活動、聚會、Slack 群組等等。

如果你想了解更多產品領導人相關資源的訊息，請隨時與我聯繫，或在 X（原 twitter）及 Instagram 上關注 #strongproductpeople 以找到你的同行夥伴。

希望你喜歡這本書。你能幫我一個忙嗎？

和所有的作者一樣，我需要更多網路評論來促進這本書的銷售，所以你的意見非常寶貴。你能花幾分鐘的時間，現在就到 Amazon 或任何你喜歡的書評網站上分享對這本書的評價嗎？你的意見有助於書籍市場變得更加公開透明和有用。

非常感謝！

致 謝

撰 寫一本書是一個奇妙的經歷。大部分時候,這是一段相當孤獨的工作。你坐在辦公桌前思考:我想傳達什麼?我的觀點是什麼?我有什麼可以貢獻給產品社群的?而且還需要一些紀律來保持週復一週的寫作。

但另一方面,寫書也是一項團隊運動:需要家人的支持,朋友的鼓勵,編輯幫助我將想法變成書籍形式,和優秀的同事們邊喝紅酒邊討論我所有的想法,以及許多在過程中提供反饋、尤其是在最後階段讓書籍更完善的美好人們。

我想對你們每一位大聲地說聲「謝謝」。即使冒著遺漏一兩個人的風險,我仍要在此列出所有人,沒有他們,這本書就不會存在:

感謝 Andree 和 Frida 總是扮演承載我翱翔的那道風。

Simon 和 Vera:你們幫助我實現了這個偉大的夢想!

感謝我的父母 Monika & Hans Schwenk,以及其他家庭成員多年來的支持。

Peter Economy 是出色至極的編輯,也是我共患難的夥伴。我會很想念我們每週二的通話。

Arne Kittler——我愛你,兄弟!

感謝 Marty Cagan 和 Martin Eriksson，你們是我的英雄，感謝你們對我的信任、給予的建議、以及為本書所寫的推薦序。

感謝所有在寫作過程中聆聽我的想法、對早期手稿給予回饋並給予極大幫助的所有人：Christina Wodtke、Shaun Russell、Sophia Höfling、Gabrielle Bufrem、Eva Maria-Lindig、Heike Funk、Daniel Dimitrov、Tony Llewellyn、Lena Haydt、Alicja Marcyniuk 以及 Kristina Walcker-Mayer。

也感謝那些閱讀了完整手稿、並提供洞見和回饋的人：Kate Leto、Emily Tate、Barry O'Reilly、Tobias Freudenreich、Mirja Bester、Inken Petersen、Björn Waide、Wolf Brüning、Rainer Gibbert、Alexander Hipp、Adir Zonta、Ole Bahlmann、João Pedro Craveiro、Alexander Schardt、Luis Cascante、Nick Brett、Miguel Carruego、Daniel Bailo、Nacho Bassino、Robiert Luque、Aaron Stuart、Alide von Bornhaupt、Thomas Leitermann、Mareike Leitermann 以及 Konradin Breyer。

感謝所有撰寫、出版和分享他們對產品管理看法的人們，以及我們產品族群的意見領袖！我大部分的想法都基於你們的工作成果，就如同站在巨人的肩膀上！以下僅舉出幾位讓我經常受到啟發的人：Jeff Patton、Teresa Torres、Marc Abraham、John Cutler、Steve Portigal、Jeff Gothelf、Denise Jacobs、Matt LeMay、Tricia Wang、Indi Young、Laura Klein、Barry O'Reilly 以及 C. Todd Lombardo。

感謝我的 Mind the Product 家族：Analisa Plehn、James Mayes、Janna Bastow、Chris Massey、Martin Eriksson 以及其他團隊成員。你們是我這些年來能夠遇到這麼多聰明人的主要原因，包括你們所有人都是。<3

感謝我的女性領導榜樣 Barbara Ising、Heike Funk、Julia Brewing 和 Birgit Hedden-Liegman，妳們對我的職業生涯影響深遠。

感謝 Diana 和 Philipp Knodel 成為我的辦公室夥伴，並在我最需要的時候為我打氣！

感謝我的所有客戶和學員：和你們合作讓我更懂得如何指導別人。

感謝我曾經合作過的所有開發者、設計師和產品人員——我從你們每一位身上都學到了東西！

關於作者

Petra Wille 是一位獨立的產品領導力教練，自從 2013 年以來一直在幫助產品團隊提升技能與表現。除了自由職業工作，Petra 還共同組織並策劃了在德國舉辦的 Mind The Product Engage Hamburg 活動。

產品領導人之道｜培育卓越產品經理的全方位指南

作　　者：Petra Wille
譯　　者：李文忠(Jenson)
企劃編輯：詹祐甯
文字編輯：王雅雯
設計裝幀：張寶莉
發 行 人：廖文良

發 行 所：碁峰資訊股份有限公司
地　　址：台北市南港區三重路 66 號 7 樓之 6
電　　話：(02)2788-2408
傳　　真：(02)8192-4433
網　　站：www.gotop.com.tw
書　　號：ACL069000
版　　次：2024 年 11 月初版
建議售價：NT$680

國家圖書館出版品預行編目資料

產品領導人之道：培育卓越產品經理的全方位指南 / Petra Wille
原著；李文忠(Jenson)譯. -- 初版. -- 臺北市：碁峰資訊, 2024.11
　　面；　公分
　　譯自：Strong product people: a complete guide to
developing great product managers.
　　ISBN 978-626-324-890-8(平裝)
　　1.CST：專案管理　2.CST：人才　3.CST：培養
　　4.CST：人力資源管理
494.3.　　　　　　　　　　　　　　　　113012188